Ansgar Gerlicher · Michael Lahres
(Hrsg.)

FlexCAR

Eine Forschungsplattform für das autonome Fahren

Springer Vieweg

Hrsg.
Ansgar Gerlicher
Institute for Mobility and Digital Innovation
Hochschule der Medien
Stuttgart, Baden-Württemberg, Deutschland

Michael Lahres
Mercedes-Benz AG
Böblingen, Deutschland

ISSN 2524-7247 ISSN 2524-7255 (electronic)
ARENA2036
ISBN 978-3-662-69749-8 ISBN 978-3-662-69750-4 (eBook)
https://doi.org/10.1007/978-3-662-69750-4

Die Deutsche Nationalbibliothek verzeichnet diese Publikation in der Deutschen Nationalbibliografie; detaillierte bibliografische Daten sind im Internet über https://portal.dnb.de abrufbar.

Planung/Lektorat: Alexander Grün
Springer Vieweg ist ein Imprint der eingetragenen Gesellschaft Springer-Verlag GmbH, DE und ist ein Teil von Springer Nature.
Die Anschrift der Gesellschaft ist: Heidelberger Platz 3, 14197 Berlin, Germany

Wenn Sie dieses Produkt entsorgen, geben Sie das Papier bitte zum Recycling.

Zusammenfassung

Das Buch „FlexCAR: Die Forschungsplattform von morgen" beschreibt ein innovatives Forschungsprojekt, das sich mit flexiblen Produkt- und Produktionskonzepten für modulare Fahrzeuge beschäftigt.

Nach einer Einführung und Motivation des Projekts wird das Vorgehensmodell vorgestellt. Anschließend werden die Struktur des Verbundprojekts und die verschiedenen Themenbereiche, wie Rolling Chassis, Interieur und Cyberphysischer Einstieg, Flexible Produkt- und Produktionskonzepte und Offener Entwicklungsprozess modularer Fahrzeuge, behandelt.

Im Hauptteil des Buchs werden ausgewählte Themenbereiche detailliert beschrieben. Hierbei werden u. a. Antrieb und Wechselspeichersysteme, Aufbau Bodenmodul und Interieur Set-Up, Exterieur- und Interieurkonzeptentwicklungen, Cyberphysische Visualisierungstechnik und Sensorintegrationen am FlexCAR erörtert.

Zudem werden auch weitere Themen wie die Implementierung gedruckter Bedienelemente mit integrierter RFID-Bauteilerkennung, die Architektur des onboard- und offboard-Netzwerks sowie die externe Sensorik und offene Entwicklungsplattform behandelt.

Das Buch schließt mit einem Fazit und Ausblick, einer Danksagung, einer Auflistung der Autoren und Referenzen ab. Die detaillierten Beschreibungen und Einblicke in die Forschung des FlexCAR-Projekts machen das Buch zu einem wertvollen Beitrag für die Forschung im Bereich der modularen Fahrzeuge und der flexiblen Produktion.

Inhaltsverzeichnis

Abkürzungsverzeichnis

3D	3 dimensional
5G	Fünfte Generation des Mobilfunkstandard
5G SA	5G Stand Alone System
CFK	Kohlenstofffaserverstärkter Kunststoff
DDS	Data Distribution Service
DLR	Deutsches Zentrum für Luft und Raumfahrt e. V.
DMA	Dynamisch-mechanische Analyse
DMA	Direct Memory Access
EPC	Electronic Product Code
EVSE	Electric Vehicle Supply Environment
FFT	Fahrfremde Tätigkeiten
FHG	Fraunhofer Gesellschaft
frGO	Funktionalisiertes reduziertes Graphenoxid
g-CFK	Graphen-modifizierter kohlenstofffaserverstärkter Kunststoff
GNSS	Globales Navigation Satelliten System
HdM	Hochschule der Medien
IAO	Institut für Arbeitswirtschaft und Organisation
IAT	Institut für Arbeitswissenschaft und Technologiemanagement
IAT	Institut für Arbeitswissenschaft und Technik
IMU	Inertial Measurement Unit
IP	Internetprotokoll
IPM	Inverses Perspektivisches Mapping
KI	Künstliche Intelligenz
LED	Light-emitting diode
MEMS	Mikroelektromechanisches System
MPC	Model Predictive Control
MQTT	Message Queing Telemetry Transport (Protokoll)
MR	Mixed Reality

NASA TLX	National Aeronautics and Space Administration Task Load Index
OEM	Original Equipment Manufacturer
OFDM	Orthogonal Frequency-Division Multiplexing
OTA	over-the-air
PTP	Point-to-Point
QoS	Quality of Service
RFID	Radio-Frequency Identification
rGO	Reduziertes Graphenoxid
ROS2	Robot operating system 2
SAE	Society of Automotive Engineers
SBC	Single Board Computer
SLA	Stereolithografie
SLAM	Simultaneous Localization and Mapping
SLRV	Safe Light Regional Vehicle
SLS	Selektives Lasersintern
SOA	Service orientierte Architektur
SSD	Single Shot Detection
SUV	Sports Utility Vehicle
UDP	User Datagramm Protocoll
UEQ	User Experience Questionnaire
UHF	Ultra-High-Frequency
UKF	Unscented Kalman Filter
UMV	Urban Modular Vehicle
V2X	Vehicle-2-Everything
VR	Virtual Reality
WLAN	Wireless Local Area Network
WLTP	Worldwide Harmonized Light Vehicles Test Procedure
WPT	Wireless Power Transfer
ZF	Zahnradfabrik

Einleitung

1

Thomas Sommer-Dittrich, Karl-Heinz Füller, Michael Lahres
und Nadine Reusch

1.1 Historie

Das Projekt **FlexCAR** wurde im Campus der ARENA2036 im Pfaffenwaldring 19, Stuttgart-Vaihingen durchgeführt: Ausgehend von ersten Abstimmungen 2015 im sog. temporären *Verfügungsgebäude* der Universität Stuttgart (in welchem Prof. Middendorf vom Institut für Flugzeugbau dankenswerterweise einige Räume der ARENA2036 zur Verfügung stellte) wurde das Projekt FlexCAR danach 10/2018 im neu eröffneten ARENA-Neubau offiziell gestartet.

Die Vorbereitungen des späteren Förderprojektes **FlexCAR** mit geplantem Projektstart in der 2. Jahreshälfte 2018 liefen bereits ungewöhnlich früh an – bereits Mitte 2015 begannen auf Anregung von Prof. Thomas Weber, Vorstand Forschung und Entwicklung der damaligen Daimler AG, intensive Vorarbeiten potenzieller Projektpartner unter Federführung der Daimler AG zu möglichen Folgeprojekten der im Juni 2018

T. Sommer-Dittrich (✉)
RT/RTF, Mercedes-Benz AG, Böblingen, Deutschland
E-Mail: thomas.sommer-dittrich@mercedes-benz.com

K.-H. Füller
RT/RTC, Mercedes-Benz AG, Böblingen, Deutschland
E-Mail: karl-heinz.fueller@mercedes-benz.com

M. Lahres
RD/RTC, Mercedes-Benz AG, Sindelfingen, Deutschland
E-Mail: michael.lahres@mercedes-benz.com

N. Reusch
Ingenieurbüro Reusch, Winnenden, Deutschland
E-Mail: reuschconsulting@gmail.com

A. Gerlicher und M. Lahres (Hrsg.), *FlexCAR,* ARENA2036,
https://doi.org/10.1007/978-3-662-69750-4_1

planmäßig endenden Förderprojekte *Leichtbau durch Funktionsintegration (LeiFu)* und *Digitaler Prototyp (DigiPT)* der 1. Förderphase.

Aufgrund der sich rasant verändernden Rahmenbedingungen in der Automobilindustrie hin zu neuen Antriebskonzepten (2015 waren bei deutschen Herstellern Konzepte für wasserstoffbasierende Antriebskonzepten übrigens deutlich weiter gediehen als batterieelektrische) war schnell klar, das neben einem Projekt zur durchgängigen Digitalisierung (daraus entstand später das Projekt „Digitaler Fingerabdruck, DFA“) ein Projekt mit dem sehr hohen Anspruch einer weitgehend antriebsagnostischen Fahrzeugarchitektur als „Großer Wurf“ zielführend sei.

Als Arbeitstitel des neuen Projektes wurde – der Nomenklatur EQ der Daimler AG für Fahrzeuge mit innovativen Antriebskonzepten folgend – von einigen Projektpartnern übrigens zunächst flEQscar favorisiert, was jedoch aus markenrechtlichen und sprachlichen Erwägungen durch den Daimler-Projektkoordinator rasch in **FlexCAR** geändert wurde – dieser Titel war bei allen Partnern gleichermaßen akzeptiert und hat sich inzwischen weit über die Projektbeteiligten hinaus „einen Namen gemacht“.

Inhaltlich fokussierte das Projekt zunächst die Vision eines Fahrzeuges, das bereits in einem sehr frühen Stadium in der Produktion auf eigenen Rädern statt auf den bislang eingesetzten Fördersystemen zwischen den Einbauorten navigiert und fährt. Im Projekt sollten dabei simultan die produktionsseitigen Chancen und Risiken untersucht, als auch die fahrzeugseitigen Voraussetzungen konzipiert und in einem Technologieträger integriert werden – dazu wurden durch die Daimler AG am Forschungszentrum Ulm ab 2015 vorbereitende Feasibility-Studies mit potenziellen Projektpartnern gestartet.

Der hohe Anspruch einer simultanen Untersuchung der Produkt- und Produktionsaspekte in *einem* Projekt ließ sich aufgrund der Förder-Rahmenbedingungen nicht realisieren – es erfolgte eine Aufteilung der Forschungsinhalte in mehrere, untereinander eng verzahnte Verbundprojekte der 2. ARENA2036-Förderphase (siehe Abb. 1.1) – die Produktionsaspekte wurden im Projekt *„Fluide Produktion (FluPro)“* gebündelt und die Synchronisation der Projekte wurden durch sogenannte „gemeinsame projektübergreifende Sprints“ konzipiert.

Nachdem die wesentlichen konzeptionellen Vorarbeiten für ein wahrhaft visionäres Projekt Mitte 2016 abgeschlossen waren, wurde das Projekt in die Phase der konkreten Ausgestaltung der Arbeitspakete überführt. Die Projektentwicklung seitens der Daimler AG wechselte auch personell – und dabei wurde einmal mehr deutlich, dass mit nahezu jedem personellen Wechsel auch größere inhaltliche Veränderungen einhergehen. In die Ausgestaltung der Arbeitspakete wurden folgend verschiedene weitere Impulsgeber und innovative Formate, teilweise auch außerhalb des ARENA2036-Konsortiums, einbezogen. Heraus kamen an der Stelle viele interessante Mobilitätsansätze (u. a ein autonomes Flughafenshuttle).

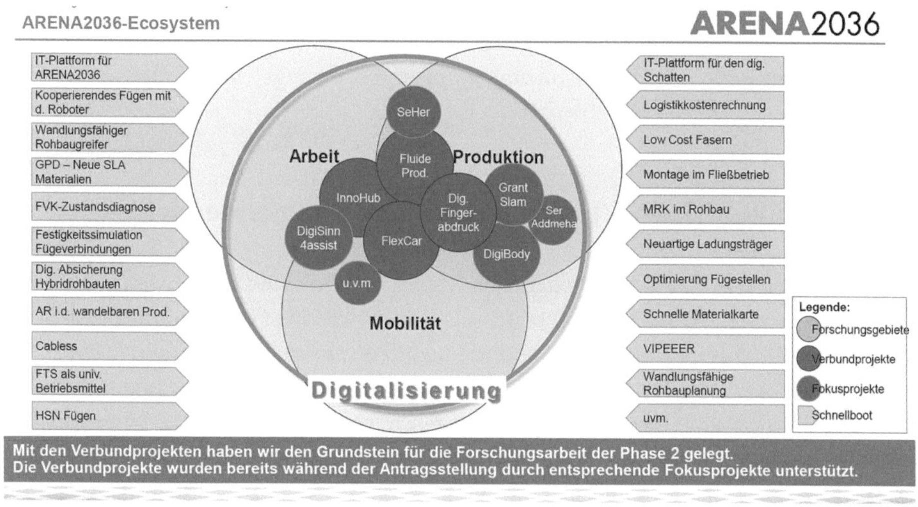

Abb. 1.1 Einordnung von FlexCar in ARENA2036-Projektlandschaft. (Quelle: ARENA2036, LK)

Der Anspruch wurde seitens des Arena-Forschungsdirektoriums sehr hochgesteckt; man wollte innerhalb des 5-jährigen Forschungsprogramms einen fahrtauglichen Demonstrator darstellen. Eine sehr anspruchsvolle Zielsetzung, die man in einem begrenzten finanziellen Rahmen und dem vorliegenden Umfeld an der Universität Stuttgart zu meistern hatte. Hinzu kamen bei der Projektentwicklung dann noch sehr anspruchsvolle wissenschaftliche Anforderungen seitens des Projektträgers, die aber dann zur Zufriedenheit aller erfüllt werden konnten. Der Projektantrag wurde im Mai final eingereicht und es konnte zu 10/2018 nahtlos mit dem neuen Förderprojekt FlexCAR auf einer gemeinsamen Projektfläche in der Arena durchgestartet werden.

1.2 Ziele des Verbundprojekts

Das Ziel des Projektes FlexCAR war die Entwicklung einer cyberphysischen Fahrzeugplattform mit offenen Hard- und Softwareschnittstellen. Die Implementierung von selbstreflektierenden, selbstbeschreibenden und serviceorientierten Komponenten auf dieser Plattform erlaubt es, ein Fahrzeug zu konzipieren, das über seinen gesamten Lebenszyklus sowohl im Soft- wie auch im Hardwarebereich update- und upgradefähig ist bis hin zu einer vollständigen, automatischen Rekonfigurierbarkeit und Absicherung des Gesamtsystems. Um die Machbarkeit des Konzeptes nachzuweisen und aufzeigen zu können, wie das Automobil von morgen entstehen und gestaltet sein wird, betrachtet das Verbundprojekt FlexCAR die offenen Schnittstellenfragen im Laufe der Projektdauer anhand typischer Fahrzeugumfänge. Diese Fahrzeugumfänge umfassen dabei die Entwicklung einzelner, zukunftsweisender Komponenten in einem exemplarischen, verkleinerten Innovationsnetzwerk und deren Nutzung in einer Forschungs- und Experimentierplattform.

1.3 Struktur des Verbundprojekts und Themenbereiche

Das Verbundprojekt FlexCAR gliedert sich in fünf Teilprojekte (TP) sowie dazugehörige Unterarbeitspakete (AP) wie in Abb. 1.2 dargestellt, die in enger Zusammenarbeit mit den ARENA2036-Kernprojekten „DigitPro“ und „ForschFab“ durchgeführt wurden. Die Arbeitspakete wurden jeweils durch einen Partner verantwortlich geleitet, die Bearbeitung erfolgte in Kooperation mehrerer Partner. Im Förderprojekt arbeiteten 12 Verbundpartner aus Industrie und Wissenschaft zusammen mit einer Projektlaufzeit von fünf Jahren (10/18–09/23).

Vier Themenbereiche bilden den inhaltlichen Schwerpunktrahmen des FlexCAR-Projekts (Abb. 1.3):

Themenbereich 1 – Das „Rolling Chassis“ entwickelt eine elektrisch angetriebene und über 5G angesteuerte Forschungsplattform mit zugänglicher und offener Soft- und Hardware. Die Plattform dient als wettbewerbs- und baureihenunabhängige Forschungs- und Experimentierplattform für die Erarbeitung von Einzeltechnologien in diesem Projekt. Erweitert wird diese Plattform durch eine Bodenplatte, welche eine Schnittstelle zum Interieur herstellt und dem TB 2 für verschiedene Use Cases und Interieurstudien zur Verfügung steht.

Der Schwerpunkt des **Themenbereichs 2 – „Interieur und cyberphysischer Einstieg“** baut auf den Themen des Themenbereiches 1 auf. So werden hier interieurbezogene

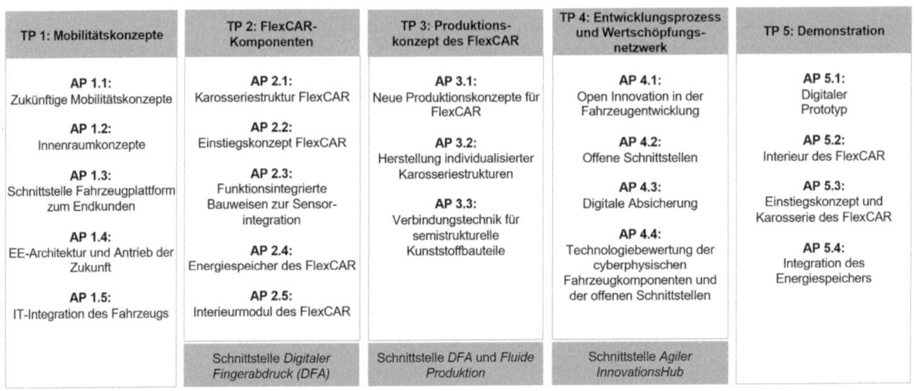

Abb. 1.2 Projektstruktur FlexCAR

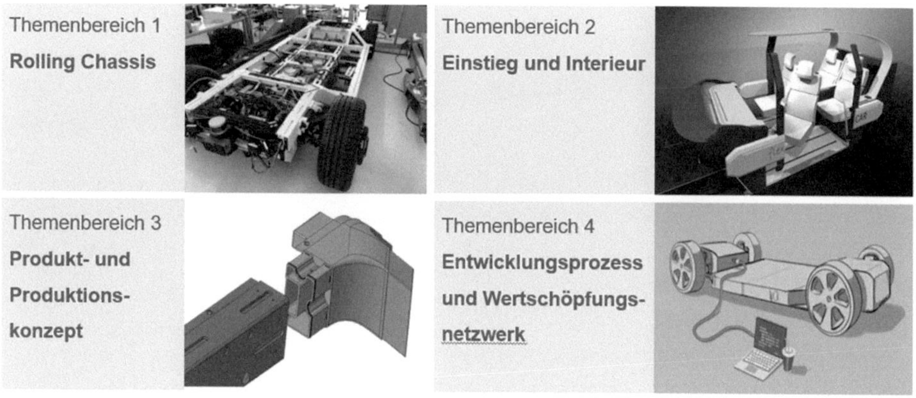

Abb. 1.3 Themenbereiche FlexCAR

Use Cases betrachtet, deren Fokus die Bereiche „Working during driving autonomous" und „Relaxing during driving autonomous" sind. Bucht beispielsweise eine Kunde eine Fahrt über eine App, wird diese Anfrage über 5G gesendet und **verarbeitet.** Entsprechend der Kundenanforderungen wird ein Fahrzeug zugewiesen und dem oder der Kunde/-in die Angaben über Ort und Zeit übermittelt. Das Fahrzeug trifft zum vereinbarten Zeitpunkt am vereinbarten Ort ein und hält Ausschau nach dem oder der Kunden/-in. Über nach außen gerichtete Kameras kann mit dem Fahrzeug Kontakt aufgenommen werden. Es wird nur berechtigten Personen Zutritt gewährt und die Fahrt kann entsprechend abgerechnet werden.

Im **Themenbereich 3 – „Flexible Produkt- und Produktionskonzepte"** wurde u. a. in enger Zusammenarbeit mit dem Projekt Fluide Produktion (FluPro) das Produktions- und Montagekonzept von FlexCAR erarbeitet. Drive- und Energymodule rücken hier in den Fokus der produktionstechnischen Betrachtung; zum Beispiel die Fragestellungen nach passenden Blech- oder Strukturprofilierungen im Rahmen des Chassis. Mithilfe standardisierter Schnittstellen ist das Rolling Chassis Teil des **cyberphysischen** Produktionssystems und kann als weiterer Use Case während der Fertigung beispielsweise als fahrerloses Transportsystem eingesetzt werden und ersetzt somit heutige Transport- und Fördertechnik im Werk.

Der **Themenbereich 4 – „Offener Entwicklungsprozess modularer Fahrzeuge"** beschäftigt sich mit der Umsetzung eines der wesentlichen Kriterien von FlexCAR: dem offenen Entwicklungsprozess. Ziel ist es, **offene** Schnittstellen bei Hard- und Software zu entwickeln und umzusetzen, wodurch neue Geschäftsmodelle etabliert werden können. FlexCAR ist damit viel mehr als nur ein neues Fahrzeugkonzept. Es bietet eine Forschungsplattform für die zentrale Entwicklung und Fertigung modularer Fahrzeugsysteme.

Teil I
Ergebnisse aus den Themenbereichen

Antrieb, Wechselspeichersystem und induktives Laden

2

Tobias D. Götz, Weizhou Ye, Lukas Elbracht, Christian Grüner und Nejila Parspour

2.1 Motivation

Das Deutsche Patent- und Markenamt veröffentlicht im Jahresbericht 2020 [1] für die Technologiegebiete Batterien, Brennstoffzellen und Elektroantrieb respektive 3214, 668 und 701 Patentanmeldungen mit Wirkung für Deutschland. Auch im Folgejahr 2021 wird die ungebrochene Innovationskraft in diesen Sektoren durch eine Pressemitteilung [2] bestätigt, bei Brennstoffzellen wird sogar ein deutlicher Zugewinn verzeichnet. Um mit diesem stetigen technologischen Fortschritt in der Elektromobilität Schritt zu halten, kommt der Flexibilität einer Forschungsplattform eine zentrale Bedeutung zu. Ein modulares Konzept für elektrischen Antrieb, Energiespeicher und Ladesystem soll diese hohe Flexibilität für eine vielseitige Einsetzbarkeit der Plattform ermöglichen. In Hinblick auf die zunehmende Automatisierung, die für die Mobilität der Zukunft erwartet werden

T. D. Götz (✉) · W. Ye · L. Elbracht · C. Grüner · N. Parspour
Institut für Elektrische Energiewandlung, Universität Stuttgart, Stuttgart, Deutschland
E-Mail: tobias.goetz@iew.uni-stuttgart.de

W. Ye
E-Mail: weizhou.ye@iew.uni-stuttgart.de

L. Elbracht
E-Mail: lukas.elbracht@iew.uni-stuttgart.de

C. Grüner
E-Mail: christian.gruener@iew.uni-stuttgart.de

N. Parspour
E-Mail: info@iew.uni-stuttgart.de

A. Gerlicher und M. Lahres (Hrsg.), *FlexCAR*, ARENA2036,
https://doi.org/10.1007/978-3-662-69750-4_2

kann, muss neben dem Fahrbetrieb auch die Automatisierung des Ladevorgangs betrachtet werden.

Hierfür eignet sich insbesondere die induktive Energieübertragung. Das Schema in Abb. 2.1 zeigt den generellen Aufbau einer induktiven DC:DC-Ladestrecke. Zwei zueinander ausgerichtete Flachwicklungen übertragen die Ladeenergie mittels elektromagnetischer Induktion, die auf einem hochfrequenten magnetischen Wechselfeld basiert. Der Luftspalt zwischen den Übertragungswicklungen dient dabei gleichzeitig als galvanische Trennung zwischen Fahrzeug und Infrastruktur. Die Übertragungsspulen werden jeweils durch eine auf der Primärseite vor- und auf der Sekundärseite nachgeschaltete Kompensationsstufe erweitert, um den Gesamtwirkungsgrad der Übertragungsstrecke zu erhöhen.

Der Verzicht auf eine mechanische Kontaktierung zwischen Infrastruktur und Fahrzeug ermöglicht zusätzlich zum stationären Laden auch das dynamische Laden des Fahrzeugs während der Fahrt. Die allgemeinen Vorteile kontaktloser Energieübertragung sind in Tab. 2.1 aufgelistet.

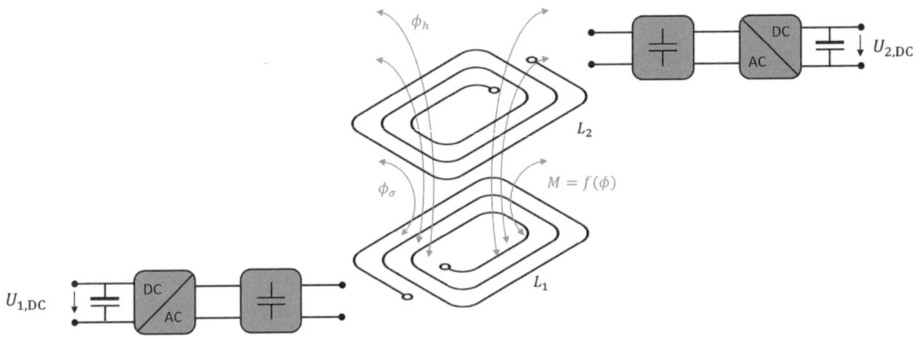

Abb. 2.1 Schematischer Aufbau eines induktiven Ladesystems. Durch einen Leistungsinverter auf der Primärseite wird die Übertragungsstrecke mit einer hochfrequenten Wechselspannung angeregt. Sekundärseitig erfolgt eine Gleichrichtung zum Laden der Traktionsbatterie. Grafik: Universität Stuttgart, IEW

Tab. 2.1 Vorteile von stationärer und dynamischer kontaktloser Energieübertragung

Stationäre WPT	Dynamische WPT
Erhöhung des Bedienkomforts	Erhöhung der Reichweite
Robustheit gegenüber Vandalismus	Vermeidung von Lade-Standzeiten
Unabhängigkeit von Klimaeinflüssen	Reduktion der Batteriekosten
Wartungsarmer Lebenszyklus	Vielseitige Einsetzbarkeit in Smart Grids
Elegante Automatisierung des Ladevorgangs	Nahtlose Infrastruktur-Integration

WPT: Wireless Power Transfer

Prinzipbedingt erfolgt die Ladekommunikation induktiver Ladesysteme ebenfalls kontaktlos. Hierfür werden üblicherweise Bluetooth oder WLAN Netzwerke genutzt. Der ISO 15118-20 Standard definiert für das induktive Laden eine WiFi-Schnittstelle gemäß IEEE 802.11n. Zukünftig könnte hierfür auch die ohnehin vorhandene 5G Konnektivität eines Fahrzeugs zur Umgebung nutzbar gemacht werden. Trotz hoher Datenübertragungsraten dieser kabellosen Netzwerke liegt die Latenzzeit eines Datenpakets im Millisekunden-Bereich. Für Authentifizierung, Abwicklung von Zahlungsmodalitäten und makroskopischen Ladeparametern wie Ladeleistung und Ladestrom spielt diese Verzögerung eine untergeordnete Rolle und kann toleriert werden. Für das bidirektionale Laden, das ebenfalls mit dem ISO-Standard 15.118-20 spezifiziert wird, ist diese Latenz jedoch kritisch [3]. Aufgrund des Betriebs einer induktiven Ladestrecke im zweistelligen kHz-Bereich reichen die erreichbaren Latenzzeiten der etablierten Kommunikationsschnittstellen nicht aus, um die beiden Ladeeinheiten für das bidirektionale Laden miteinander zu synchronisieren. Auch die eindeutige Zuordnung EV-EVSE[1] in einer Ladeumgebung mit mehreren parallelen Ladepunkten oder die Übertragung sicherheitsrelevanter Steuerbefehle mit Echtzeit-Anforderungen im unteren µs-Bereich, sind über diesen Weg nicht möglich.

Aus diesem Anlass wurde im Rahmen des FlexCAR Projekts eine induktive Energieübertragungsstrecke um eine integrierte Nahfeld-Kommunikation erweitert. Die Kombination aus kontaktloser Energie- und Datenübertragung ist ein innovativer Ansatz, um herkömmliche konduktive Lösungsansätze vollständig zu ersetzen und die zuvor genannten Vorteile der WPT Technologie dabei aufrechtzuerhalten. Als Lademodul gliedert sich ein solches induktives Ladesystem mit integrierter Datenübertragung nahtlos in das modulare Konzept von Energiespeicher und Antrieb ein und kann je nach Anwendung des Rolling Chassis adaptiv auf den Verwendungszweck angepasst werden.

2.2 Methodik und Stand der Technik

Modularität innerhalb eines Systemverbunds impliziert im Umkehrschluss die Existenz von Schnittstellen für sowohl Hardware als auch Software. Einheitliche Schnittstellen einer Hardware stellen dabei eine ungleich anspruchsvollere Herausforderung dar und betreffen unmittelbar die umgebende Trägerstruktur, Montagevorrichtungen, elektrische Kontaktierung und Bauraum. Energiespeicher, elektrischer Antrieb und Ladesystem sollen in diese Systemumgebung samt erforderlicher signal- und leistungselektronischer Peripherie als kompakte Module gemäß dem Plug&Play-Prinzip integriert sein.

Um sowohl batterieelektrische als auch Brennstoffzellen-basierte Arten des Energiespeichers mit dem Rolling Chassis darstellen zu können wurde ein Wechselspeichersystem nach Abb. 2.2 konzipiert. Dieses ist im mittleren Abschnitt des Bodenmoduls integriert. Die Rahmenstruktur dieses Energy-Moduls weist Montageschnittstellen zu den

[1] EVSE: Electric Vehicle Supply Environment.

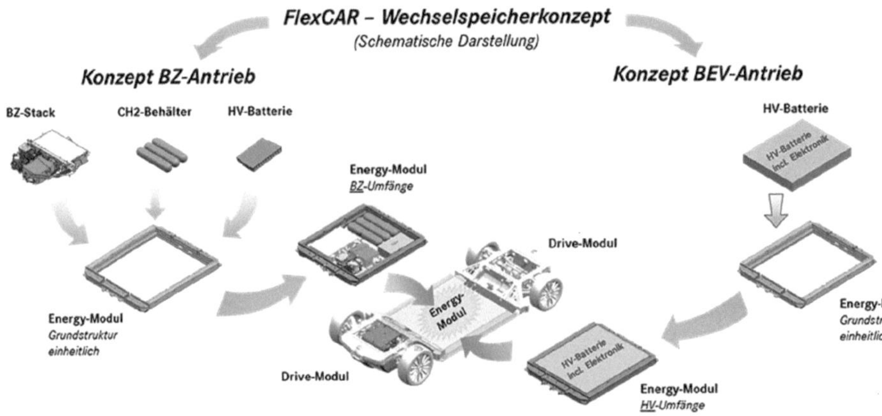

Abb. 2.2 Prinzip des Wechselspeicherkonzeptes. Grafik: Mercedes-Benz AG, Hofele [4]

DRIVE-Modulen auf, über die beide Speicherkonzepte an die Antriebsmodule angebunden werden können. Als Energiespeicher ist ein HV-Speicherkonzept auf Basis Cell2Pack inklusive der Elektronikumfänge integriert. Im zweiten Energiespeicherkonzept wurde die Integration eines F-Cell-Systemes mit H2-Behältern dargestellt [4]. Um eine Modulbauweise im Gesamtkonzept zu ermöglichen, nutzen beide Speichersysteme die identische Grundstruktur des Energy-Moduls.

Offensichtlich findet die angestrebte Flexibilität durch Modularität hierbei Grenzen. In Hinblick auf die realisierbaren Antriebstopologien z. B., kann die Platzierung des Drive-Moduls nicht willkürlich gewählt oder geändert werden ohne andere Module zu beeinträchtigen. So ist eine Radnabentopologie oder ein Kardantrieb mit Heck-Maschine-Front-Achsantrieb oder vice versa nicht ohne weiteres möglich. Die Möglichkeiten für Direktantriebe oder E-Maschinen mit Getriebezwischenstufe für einen gegebenen Bauraum hat gleichsam Auswirkungen auf die Leistungsfähigkeit des Rolling Chassis.

Die Wahl des Maschinentyps zum Antrieb des Rolling Chassis sollte in Abhängigkeit des erwarteten Betriebsbereiches einer spezifischen Anwendung des Rolling Chassis getroffen werden. Für Automotive-Applikationen wird standardmäßig ein Belastungszyklus nach dem Worldwide Harmonized Light Vehicles Test Procedure (WLTP) [5] namensgerecht als Testverfahren zur Bestimmung der Verbrauchswerte und Reichweite von E-Fahrzeugen verwendet. Je nach Applikation kann der Belastungszyklus für eine spezifische Anwendung des Rolling Chassis hiervon abweichen. Eine Optimierung des Antriebs geschieht auf Basis der Energieverteilung innerhalb des anwendungsspezifischen Betriebsbereichs. Ein bevorzugter Maschinentyp kann somit abhängig von der Anwendung gewählt werden. Methodisch wird dazu der zu erwartende Betriebsbereich einer spezifischen Anwendung des Rolling Chassis auf die darin umgesetzte Energie betrachtet. Für den angesprochenen WLTP-Zyklus ist die Verteilung der umgesetzten Energie gemäß

Abb. 2.3 für eine Klasse 3 Belastung über den gesamten WLTP-Betriebsbereich dargestellt. Hohe Momente werden im Großteil des Drehzahlbereichs nur kurzzeitig gefordert, der Bereich maximalen Energiebedarfs liegt in diesem Beispiel bei 9000 min^{-1} und 40 Nm Motordrehmoment. Zur Bestimmung der Eignung eines E-Maschinentyps werden die Wirkungsgrade insbesondere im Grunddrehzahl- und im Feldschwächebereich betrachtet.

Als Orientierungsgrundlage für das induktive Ladesystem dient der SAE J2954 Standard [7]. Dieser ist weltweit harmonisiert und stimmt mit der europäischen IEC 61980 [8] überein. Die Standardisierung adressiert die Interoperabilität von stationärem induktivem Laden von Light-Duty EVs und definiert hierfür Rahmenbedingungen für Referenzsysteme und Testverfahren zur Feststellung von Interoperabilität. Unterschiedliche Fahrzeugtypen sind abhängig von deren Bodenfreiheit gemäß der Tab. 2.2 in drei Z-Klassen Z1 bis Z3 klassifiziert.

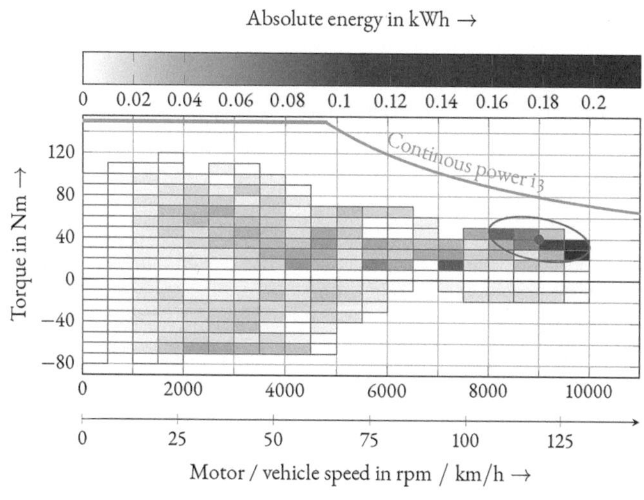

Abb. 2.3 Verteilung des Energieumsatzes nach WLTP Klasse 3. Der Bereich des maximalen Energiebedarfs ist rot markiert. Grafik: Müller (2023), S. 22 [6]

Tab. 2.2 Klassifizierung der Bodenfreiheit der fahrzeugseitigen Spule gemäß SAE J2954 [7]

Z-Klasse	Bodenfreiheit des Fahrzeugs in [mm]
Z1	100 .. 150
Z2	140 .. 210
Z3	170 .. 250

2.3 Ergebnisse

Im Aufbau des Rolling Chassis befinden sich zwei baugleiche Antriebsmodule (DRIVE Module) im Front- bzw. Heckbereich, das Speichermodul (Energy-Modul) ist in der Mitte des Chassis verbaut. Vorgerüstet mit Antriebskomponenten und E-/E-Umfängen in den DRIVE-Modulen können diese mit dem Energy-Modul zusammengefügt werden. Das Energy-Modul bildet mit dem integrierten Energiespeicher das Mittelstück des Chassis. In ihm lassen sich unterschiedliche Energiespeicher (Batterie oder Brennstoffzelle) und dazugehörige Komponenten integrieren. Durch eine weitgehende Vereinheitlichung der Schnitt- und Kontaktierungsstellen lassen sich die DRIVE-Module und Energy-Module kombinieren, und somit eine antriebsflexible Plattform darstellen [4]. Die Wahl des passenden Maschinentyps kann entsprechend der Lage des Auslegungspunktes basierend auf Abb. 2.4 getroffen werden [9]. Die Schnittstellen zwischen den einzelnen Modulen für Elektrik- und Elektronikumfänge sind dabei über Stecksysteme und Anschlüsse weitgehend vereinheitlicht. Hierzu flossen Erkenntnisse aus der „Innovationsinitiative Leitungssatz", einem offenen Kooperationsverbund aktiv mitarbeitender Branchenvertreter, die im Rahmen des Forschungscampus ARENA2036 verschiedene vorwettbewerbliche Themenstellungen bearbeiten, mit ein [4].

Das induktive Ladesystem mit kombinierter Energie- und Datenübertragung wurde auf Konzept- und Simulationsebene untersucht. Da die Datenübertragung durch eine

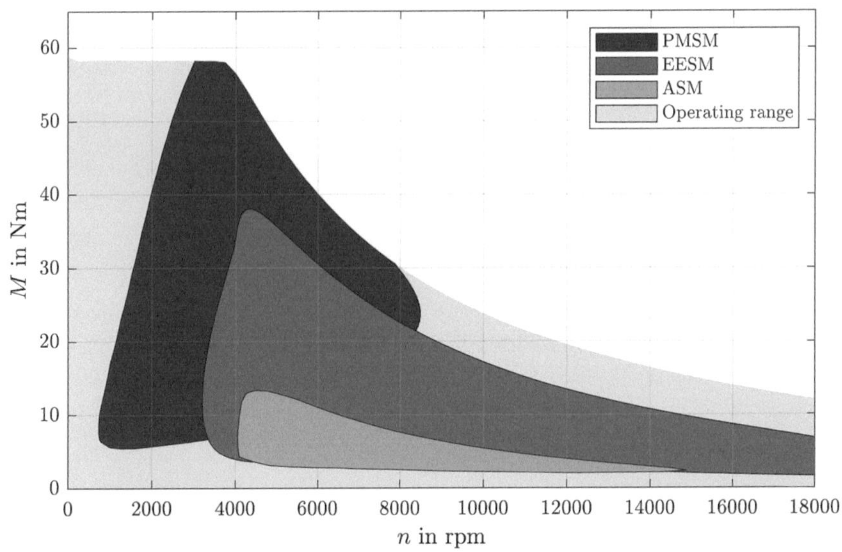

Abb. 2.4 Arbeitsbereiche hoher Effizienz für die Maschinentypen Permanent Magnet-erregte Synchronmaschine (PMSM), Elektrisch Erregte Synchronmaschine (EESM) und Asynchronmaschine (ASM). Grafik: IEEE, gemäß [9]

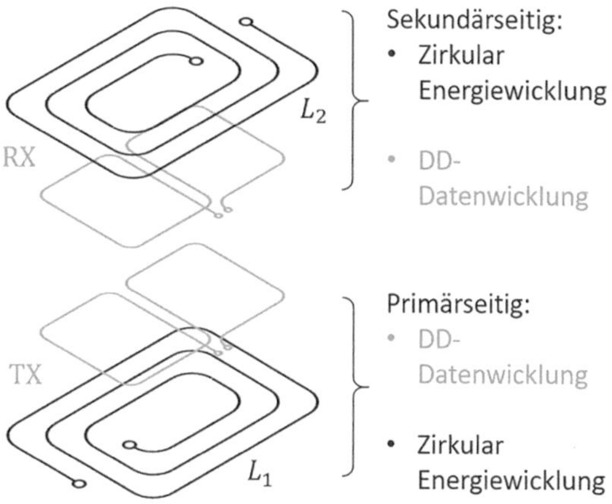

Abb. 2.5 Konzept für kombinierte induktive Energie- und Datenübertragung. Grafik: Universität Stuttgart, IEW

Nahfeld-Kommunikation erfolgen soll, teilen sich Energie- und Datenübertragungsstrecke den Luftspalt zwischen Fahrzeug und Infrastruktur als gemeinsames Übertragungsmedium. Die magnetischen Wechselfelder beider Übertragungspfade überlagern sich und müssen beim Senden und Empfangen zuverlässig getrennt werden können. Abb. 2.5 verdeutlicht das Prinzip mittels separater Spulenpaarungen, wobei Zirkularwicklungen zur Energieübertragung (Power-Link) und magnetisch entkoppelte DD-Wicklungen zur Datenübertragung (Data-Link) genutzt werden. Die Primärseite beschreibt das Modul der Infrastruktur, die Sekundärseite das Fahrzeugmodul.

Der Systemüberblick gemäß Abb. 2.6 zeigt die Anbindung der gekoppelten Spulen an die umgebende Signal- und Leistungselektronik. Die Ansteuerung der Leistungsinverter sowie die Modulation und Demodulation des Datensignals erfolgen primär- und sekundärseitig jeweils mittels FPGA und hinreichender Bandbreite des Analog-Front-Ends.

Das grundsätzliche Arbeitsprinzip der Datenübertragung ist über das Blockschaltbild in Abb. 2.7 veranschaulicht. Das Nutzsignal am Eingang des Übertragungspfades wird auf mehrere Subträger moduliert und mittels inverser Fourier Transformation aus dem Bildbereich in den Zeitbereich und anschließend durch Digital-Analog-Wandlung aus dem diskreten in den analogen Bereich transformiert. Sender- und Empfängerspule sind induktiv gekoppelt, sodass das Datensignal auf der Empfängerseite invers zur Senderseite diskretisiert und demoduliert werden kann.

Der vollständige Systemüberblick ist mit Abb. 2.8 gegeben. Die integrierte Datenübertragung wird dazu genutzt die Fahrzeugseite mit der Senderspule zu synchronisieren und ermöglicht so die Steuerung eines aktiven Gleichrichters im Fahrzeug [10].

Ein vollständiges Datenpaket ist in Abb. 2.9 gezeigt. Die zeitliche Abfolge des Sendersignals besteht aus einem zyklisch wiederholten Präfix zur Anfangserkennung des Datenpunktes und anschließendem Nutzsignal. Eine Anfangspunktdetektion geschieht mittels Auto-Korrelationsergebnis.

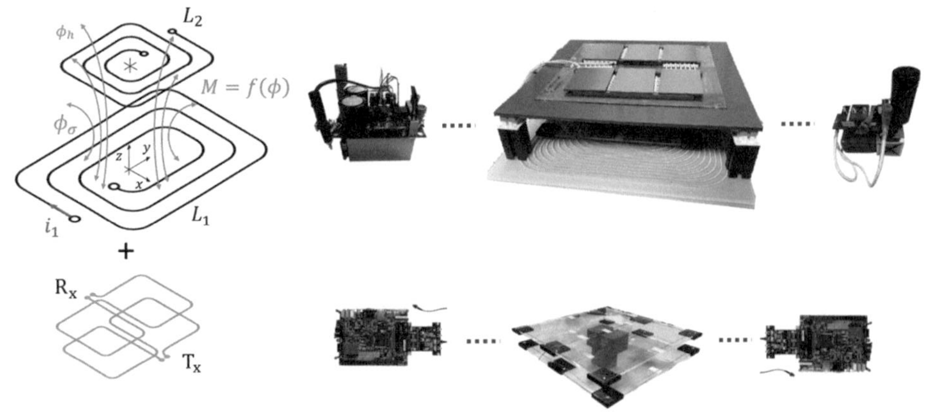

Abb. 2.6 Übersicht zum Systemaufbau. Die Datenübertragung (unten) ist in die Energieübertragungsstrecke (oben) integriert. Grafik: Universität Stuttgart, IEW

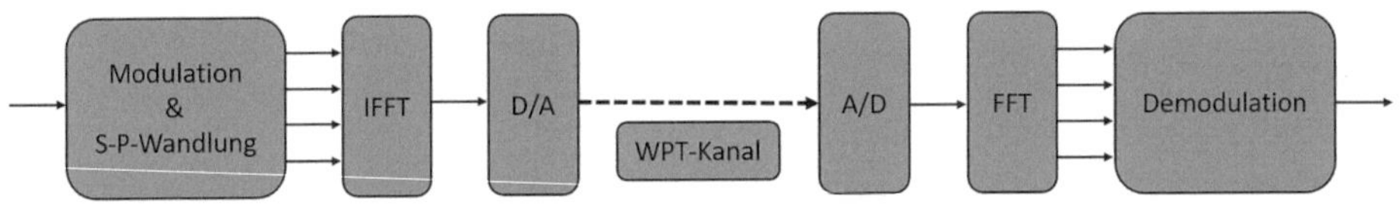

Abb. 2.7 Blockschaltbild des Datenübertragungsschemas. Grafik: Universität Stuttgart, IEW

Die High-Level HDL Code Architektur zur Datenübertragung ist in Abb. 2.10 gezeigt. Darin wird die Aufteilung eines beispielhaften Nutzsignals in einzelne Daten-Symbole gezeigt, die bitweise auf die Subträger moduliert werden. Im Zeitbereich überlagern sich die Subträgersignale und liegen zeitgleich parallel im Kommunikationskanal vor. Im Post Processing werden die übertragenen Symbole zum ursprünglichen Nutzsignal wieder zusammengesetzt.

Unter Berücksichtigung der Impedanzcharakteristik des realen Kommunikationskanals wird die Trägerfrequenz der Subträger kleiner 10 MHz bei induktivem Kanalverhalten gewählt. Zur Maximierung der Ausnutzung verfügbarer Kanal-Bandbreite bietet sich grundsätzlich das Orthogonale Frequenzmultiplexverfahren (OFDM) an. Der Vorteil von OFDM besteht darin, dass die Wahl der datenübertragenden Subträger variiert werden kann, um eine robuste Kommunikation auch bei änderlichen Kanaleigenschaften zu erhalten, die z. B. durch Positioniertoleranzen verursacht werden. Für die Auslegung der Energieübertragungsstrecke sollte berücksichtigt werden, dass die Übertragungskanäle von Energie- und Datenstrecke durch die Positioniertoleranz der Ladeeinheiten praktisch nicht vollständig entkoppelt sind. Diese Kreuzkopplung wirkt sich auf das Signal-Rausch-Verhältnis aus und reduziert die effektiv nutzbare Nutzsignal-Auflösung der Digital-Analog-Wandlung auf der Empfängerseite.

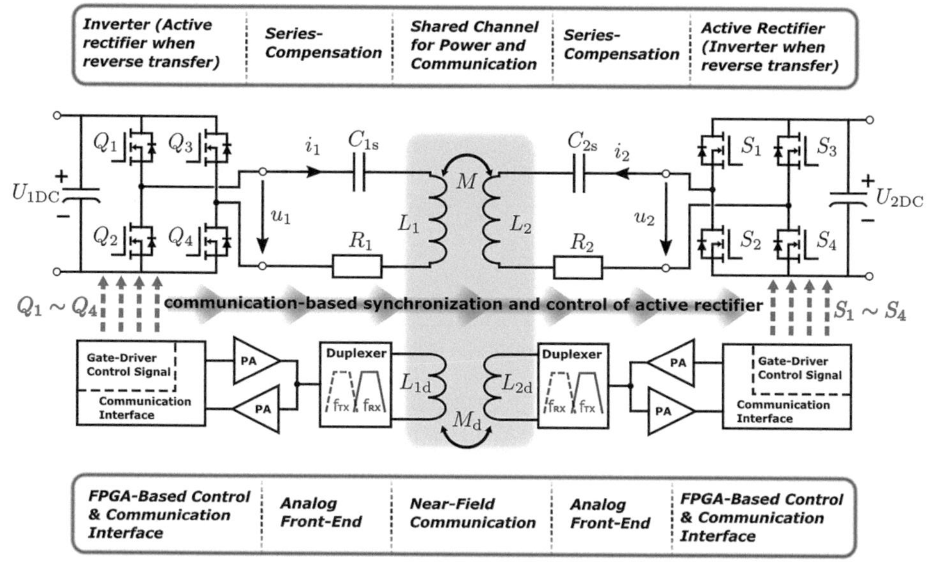

Abb. 2.8 Systemüberblick eines induktiven Ladesystems mit integrierter Nahfeld-Kommunikation. Grafik: IEEE gemäß [10]

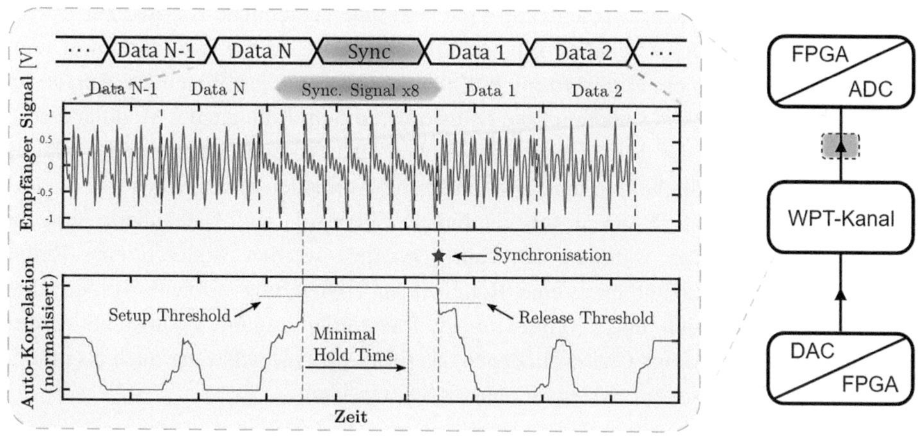

Abb. 2.9 Exemplarisches Beispiel für die Übertragung eines vollständiges Datenpakets. Grafik: IEEE gemäß [10]

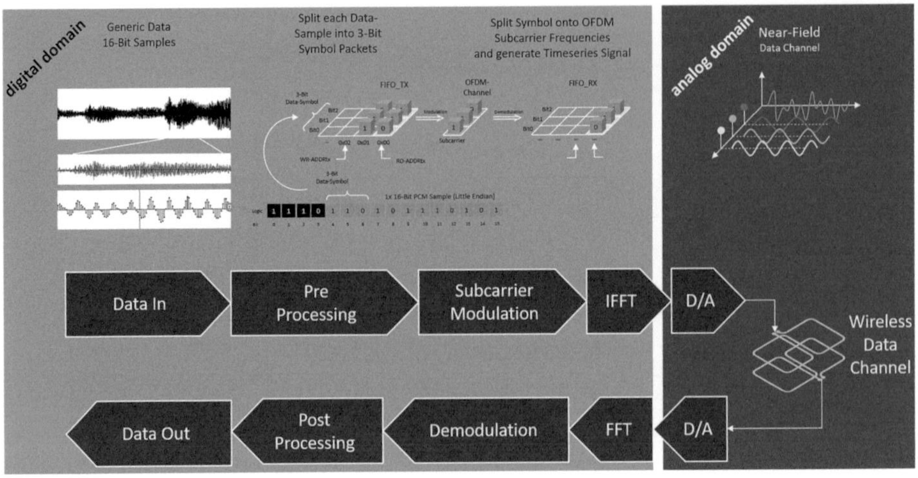

Abb. 2.10 HDL Code Architektur für die prototypische Implementierung auf einem FPGA. Grafik: Universität Stuttgart, IEW

2.4 Ausblick

Zur Umsetzung der Wechselspeicherkonzepte sind unterschiedliche Ansätze zur Darstellung des Energy-Modules denkbar. Eine Variante hierbei ist ein Energy-Modul in reiner Blechbauweise mit einem Fügekonzept, beziehungsweise eine profilintensive Ausführung in Aluminium. Zusätzlich sind Konzepte realisierbar, die im Rahmen der Modularisierung eine Variantenvielfalt durch Kombination zwischen DRIVE- und Energy-Modul erlauben und somit unterschiedliche Antriebsvariationen und Aufbauten ermöglichen [4].

Zukünftig kann das Konzept für kombinierte Energie- und Datenübertragung auf das dynamische Laden während der Fahrt erweitert werden wodurch eine Reduktion der Speicherkapazität bzw. eine Reichweitenverlängerung erreicht werden kann. Außerdem ergeben sich durch bidirektionale Energieübertragung zusätzliche Anwendungsfelder für das Rolling Chassis in denen das Fahrzeug beispielsweise auch als mobiler Energiespeicher für weitere Systemteilnehmer agieren kann.

Literatur

1. Deutsches Patent- und Markenamt: Jahresbericht 2021, Seite 10.
2. Deutsches Patent- und Markenamt (Stand: Februar 2022). *Kfz-Antriebstechniken* [Pressemitteilung]. https://www.dpma.de/docs/dpma/veranstaltungen/tagungen_und_konferenzen/dpmanutzerforum/2022/220328_pm_kfz-antriebstechniken_dt_web.pdf.
3. Z. El-Shair, E. Reimann, S. A. Rawashdeh, A. Ayachit and M. Abdul-Hak, "Review and Evaluation of Communication Systems for Control of Stationary Electric-Vehicle Inductive Charging

Systems," 2020 IEEE Transportation Electrification Conference & Expo (ITEC), Chicago, IL, USA, 2020, pp. 1178-1183, https://doi.org/10.1109/ITEC48692.2020.9161625.

4. Lahres et al., 2022: FlexCAR- Die Forschungsplattform von morgen, in: *ingenieur.de*, 02.11.2022, [online] https://www.ingenieur.de/fachmedien/wt-werkstattstechnik/bmbf-produktionsforschung/die-forschungsplattform-von-morgen/ [abgerufen am 30.11.2023]. Wiederverwendung aus *FlexCar – Die Forschungsplattform von morgen* von T. Götz mit Genehmigung von H. Hofele.
5. United Nations Economic Commission for Europe (UNECE), United Nations Global Technical Regulation on Worldwide harmonized Light vehicles Test Procedures (WLTP), Addenda 15, 2015.
6. Müller, Samuel (2023): Inductive Electrically Excited Synchronous Machines for Electrical Vehicles. Düren: Shaker Verlag (Berichte aus dem Institut für Elektrische Energiewandlung, 14). ISBN: 978-3-8440-9139-7. Wiederverwendung von T. Götz mit Genehmigung von Dr. S. Müller.
7. SAE International J2954, 2022. Wireless Power Transfer for Light-Duty Plug-in/Electric Vehicles and Alignment Methodology.
8. Electric vehicle wireless power transfer (WPT) systems – Part 3: Specific requirements for the magnetic field wireless power transfer systems, IEC TS 61980-3, 2019.
9. D. Maier, J. Kurz and N. Parspour, "Contactless Energy Transfer for Inductive Electrically Excited Synchronous Machines, " 2019 IEEE PELS Workshop on Emerging Technologies: Wireless Power Transfer (WoW), London, UK, 2019, pp. 191–195, https://doi.org/10.1109/WoW45936.2019.9030682.
10. W. Ye, T. Götz, B. Qi and N. Parspour, "A Communication-Based Synchronization and Control Method for Bidirectional Wireless Power Transfer System," IECON 2023- 49th Annual Conference of the IEEE Industrial Electronics Society, Singapore, Singapore, 2023, pp. 1–6, https://doi.org/10.1109/IECON51785.2023.10311922.

3 Use Cases und Umsetzung eines Interieurmoduls zur Demonstration und Evaluation von Konzepten zum mobilen Arbeiten

Lesley-Ann Mathis, Denis Krun und Harald Widlroither

► **Hinweis**
Dieses Forschungs- und Entwicklungsprojekt wurde mit Mitteln des Bundesministeriums für Bildung und Forschung (BMBF) im Rahmen des Forschungscampus ARENA2036 (Verbundprojekt FlexCAR, Förderkennzeichen gefördert und vom Projektträger Karlsruhe (PTKA-PFT) betreut.Der Bericht stellt die Ergebnisse aus dem Verbundprojekt vor. Die Verantwortung für den Inhalt dieser Veröffentlichung liegt bei den Autoren.

3.1 Motivation

Der Modulgedanke findet sich beim FlexCAR nicht nur in der Plattform, also dem Rolling Chassis, das sich aus zwei Drive- und einem Energy-Modul zusammensetzt, sondern auch in der Aufbauform. Das Rolling Chassis erlaubt zum einen die Auswahl der Antriebstechnik zwischen einem batterieelektrischen oder einem Brennstoffzellen Antrieb. Zum

L.-A. Mathis (✉) · H. Widlroither
Ergonomics & Vehicle Interaction, Fraunhofer IAO, Stuttgart, Deutschland
E-Mail: lesley-ann.mathis@iao.fraunhofer.de

H. Widlroither
E-Mail: harald.widlroither@iao.fraunhofer.de

D. Krun
RD/RTC, Hardware & Digital Technologies, Mercedes-Benz AG, Böblingen, Deutschland
E-Mail: denis.krun@mercedes-benz.com

A. Gerlicher und M. Lahres (Hrsg.), *FlexCAR,* ARENA2036,
https://doi.org/10.1007/978-3-662-69750-4_3

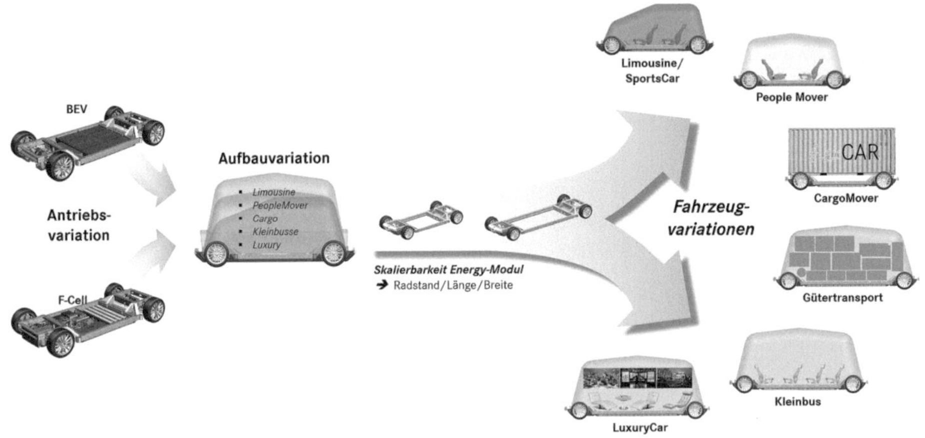

Abb. 3.1 Modularität bei Energy-Modul und Aufbauten

anderen ist durch Einsatz unterschiedlich dimensionierter Energy-Module eine Skalierung des Rolling Chassis möglich (siehe Abb. 3.1).

Dieser Modulansatz setzt sich analog bei der Aufbauform – in der Automobilbranche auch unter den Begriffen *Hut* oder *Greenhouse* bekannt – fort. Aus der Kombination der verschiedenen Rolling Chassis Module mit den Aufbaumodulen ergibt sich die Möglichkeit zur Umsetzung zahlreicher Fahrzeugvarianten, die vom reinen Gütertransport über öffentliche Personenbeförderung bis zum privaten Fahrzeug reichen können.

Aufgrund der zur Verfügung stehenden Projektressourcen mussten die Aktivitäten konzentriert werden. Ausgewählt wurde die Aufbauform zur Personenbeförderung und hier im Speziellen die eines autonom fahrenden *Peoplemover*.

Um die Bedürfnisse und Erwartungen der zukünftigen Nutzenden von Mobility-as-a-Service zu erfüllen und somit die Akzeptanz für die Nutzung eines automatisierten *Peoplemover* sicherzustellen, ist eine nutzerzentrierte Gestaltung des Innenraums entscheidend. In vollautomatisierten Fahrzeugen ermöglicht der Wegfall der Fahraufgabe neue Freiheitsgrade bei der Gestaltung des Fahrzeuginnenraums. Nutzende erwarten, dass der Innenraum von autonomen Fahrzeugen grundlegend anders aussehen wird [1]. Besonders fahrfremde Tätigkeiten (FFT) gewinnen an Bedeutung für die Innenraumgestaltung, sodass Interieurkonzepte für die Ausführung bestimmter Tätigkeiten entwickelt werden. In [2] werden verschiedene Tätigkeiten präsentiert, die in autonomen Fahrzeugen vorstellbar sind, darunter Schlafen und Relaxen, Arbeiten, Unterhaltung oder Fitness. Um diese Tätigkeiten im Innenraum zu ermöglichen, werden entsprechende Ausstattungsoptionen für jeden Anwendungsfall von Nutzenden als wichtig erachtet, allen voran die Möglichkeit einer komfortablen Sitz- und Liegeposition [2]. Eine Expertenbefragung in [3] zeigt außerdem, dass für das subjektive Wohlbefinden der Passagiere in automatisieren Fahrzeugen neben dem Sitz auch die Benutzeroberflächen als entscheidend für den deutschen

Markt angesehen werden. Diese Benutzeroberflächen sollten einfach zu bedienen und ergonomisch sein sowie den Prinzipien eines klaren, minimalistischen Designs folgen [3].

Gleichzeitig bedeutet der Wandel hin zu Mobility-as-a-Service, dass zukünftige Fahrzeuge nicht mehr im Besitz einzelner sind, sondern dass Innenraumkonzepte sich an die wechselnden Bedürfnisse verschiedener Nutzendengruppen anpassen müssen. Das Entwickeln von Innenraumkonzepten für das automatisierte Fahren steht jedoch vor der Herausforderung, dass Nutzende derzeit keine Erfahrungswerte mit dem Ausführen von fahrfremden Tätigkeiten in automatisierten Fahrzeugen mitbringen. Demnach gestaltet sich das Ableiten zukünftiger Anforderungen und neuer Konzepte für den Innenraum schwierig und wird deshalb oft als „Henne-Ei" Problem [4] beschrieben. Aus diesem Grund werden zur Evaluation zukünftiger Innenraumkonzepte Prototypen wie beispielsweise Sitzkisten eingesetzt, um eine Annäherung der Zukunftskonzepte mit Nutzenden bewerten zu können.

Im Rahmen von FlexCAR wurden Interieurkonzepte für die autonome Mobilität der Zukunft in einem iterativen, nutzerzentrierten Entwicklungsprozess untersucht. Für einen ausgewählten Use Case der zukünftigen Innenraumnutzung, *mobiles Arbeiten während der Fahrt,* wurden Nutzendenerwartungen und -anforderungen abgefragt und verschiedene Konzeptlösungen virtuell umgesetzt. Schließlich erfolgte ein prototypischer Aufbau zur Evaluation ausgewählter Interaktionskonzepte für das Bearbeiten von Büroaufgaben.

3.2 Stand der Technik

3.2.1 Neue Anforderungen an die Interieurgestaltung

In verschiedenen Studien wurde in der Vergangenheit bereits untersucht, welche Tätigkeiten Nutzende bevorzugen, wenn sie die Fahraufgabe nicht mehr innehaben. Der Fokus wurde hier besonders auf Tätigkeiten gelegt, die die Nutzenden bereits heute in der Rolle des Passagiers im Fahrzeug oder öffentlichen Verkehrsmitteln ausüben. Laut [5] geben Nutzende an, dass sie beim automatisierten Fahren doppelt so häufig telefonieren und Bürotätigkeiten ausführen würden als heute in der Rolle des Passagiers. Auch die Nutzung des Smartphones wird in [5] häufig von Nutzenden genannt, sei es zum Schreiben von Nachrichten, für Internetrecherche oder den Konsum sozialer Medien. Eine Beobachtungsstudie in einem simulierten automatisierten Fahrzeug bestätigt diese Erwartungen: Neben dem Hinausschauen als häufigste Tätigkeit, gehen Nutzende vor allem wiederholt der Smartphonenutzung, dem Hören von Musik sowie dem Ausführen von Büroaufgaben nach. Darüber hinaus wurden in [5] auch die Erwartungen an die Interaktion beim automatisierten Fahren abgefragt, wobei Nutzende hier einen Touchscreen und einen großen Bildschirm als bevorzugte Technologien nannten.

Durch den Wegfall der Fahraufgabe in autonomen Fahrzeugen eröffnen sich zudem neue Möglichkeiten, die Sitzkonfiguration im Innenraum zu gestalten. Eine Studie in [6] zeigt, dass Nutzende unterschiedliche Präferenzen diesbezüglich haben: Während manche Nutzende eine vis-à-vis Sitzhaltung bevorzugen, um in einen engeren sozialen Austausch mit den Mitfahrenden zu gehen, möchten andere die konventionelle Sitzhaltung in Fahrtrichtung mit Blick auf die Straße beibehalten.

3.2.2 Mobiles Arbeiten während der Fahrt

Die Möglichkeit zur effizienten Nutzung der Reisezeit macht automatisierte Fahrzeuge für Passagiere attraktiv. Insbesondere erwarten Nutzende, dass sich die Automatisierung positiv auf ihr Zeitmanagement auswirkt, da sie die Reisezeit nutzen können, um gut vorbereitet und entspannt in den Arbeitstag zu starten [7]. Verschiedene Konzeptfahrzeuge der letzten Jahre zeigen mögliche Lösungen für das mobile Arbeiten auf. So stellt der Mercedes-Benz F015 ein Innenraumkonzept vor, das Geschäftsbesprechungen während der Fahrt durch eine vis-à-vis Sitzhaltung und gemeinsame Anzeigeflächen ermöglicht [8]. Auch der Volvo 360c, ein vollelektrisches Konzeptfahrzeug, nennt das *mobile Büro* als einen Anwendungsfall des anpassbaren Innenraums, neben *Schlafen, Unterhaltung* und *Wohnzimmer* [9]. Darin stecke laut Volvo das Potenzial „unproduktive und langweilige Reisezeit in nützliche und angenehme Minuten oder Stunden auf der Straße zu verwandeln" [9].

In der Forschung wurden arbeitsförderliche Faktoren im Fahrzeuginnenraum untersucht: So zeigt eine Studie in [10], dass ein Innenraum eines autonomen Fahrzeugs mit heller Beleuchtung und reduzierten Ablenkungsfaktoren die Produktivität beim Arbeiten fördert. [11] stellt für das mobile Arbeiten den Ansatz einer nutzerfokussierten Automation vor, die mithilfe von Kontexterkennung den Innenraum und das Fahrzeugverhalten an die Bedürfnisse des Nutzenden anpasst. So zeigt die Studie mit Demonstrator zum mobilen Arbeiten [11], dass eine Option auf Routenanpassung für mehr Arbeitszeit bei automatisierter Fahrt von den Teilnehmenden als nützlich empfunden wird und deren Zufriedenheit steigert.

Um während der Fahrt produktiv arbeiten zu können, ist für Nutzende außerdem das Interaktionskonzept entscheidend. In der Forschung zu Interaktionskonzepten für das mobile Arbeiten im Fahrzeug werden Lösungsvorschläge mit Schwerpunkt auf teilautomatisierter Fahrt nach SAE-Level 3 [12] demonstriert, bei der Nutzende nach einer Systemaufforderung die Fahraufgabe übernehmen müssen. Mittels einer Fahrsimulatorstudie untersucht [13] einen Lenkradprototyp mit integrierter haptischer Tastatur, der eine schnellere Fahrzeugübernahme ermöglicht, als wenn der Fahrer oder die Fahrerin mit dem Laptop auf dem Schoß arbeitet. Auch das Anzeigen von digitalen Inhalten zum Arbeiten wird in [14] untersucht. Im Vergleich schneidet ein Head-Up Display in der Windschutzscheibe besser bei den Übernahmezeiten ab, während hingegen ein Head-Down Display auf dem Lenkrad zu besserer Tippleistung führt. Ein komplett anderes Konzept für das mobile Arbeiten präsentiert die Skizze in [15] für die Erledigung von Büroarbeiten in einem Level-3-Fahrzeug. In der Skizze wird eine Kombination aus Augmented-Reality-Brille, Sprache und Interaktion per physischer Schnittstelle verwendet. Im Vordergrund steht bei diesem Konzept, das Risiko für Reisekrankheit gering zu halten und die Übernahme der Fahraufgabe nach einer Arbeitsphase optimal zu unterstützen.

Der Stand der Forschung zeigt, dass bisherige Interaktionskonzepte zum Arbeiten den Fokus auf Szenarien mit Übernahme der Fahraufgabe legen. In FlexCAR rückt die Fahraufgabe mit dem vollautonomen Fahren in den Hintergrund und es werden Konzepte für das mobile Arbeiten in einem Mobility-as-a-Service Shuttle entwickelt und durch den Aufbau eines Prototyps erlebbar gemacht und evaluiert.

3.3 Vorgehen und Ergebnisse

3.3.1 Ableitung der Use Cases

Die Fokussierung der Aktivitäten auf einen *Peoplemover* bietet zahlreiche Nutzungsszenarien, aus denen sich wiederum verschiedene Untersuchungsschwerpunkte ableiten lassen. Um die Entwicklung der Interieurkonzepte zu strukturieren, wurden Use Cases beschrieben und in Form von Comics visualisiert. Letzteres dient der einfacheren und zugänglicheren Bereitstellung der Informationen sowohl innerhalb des Projektteams als auch den internen und externen Partnern, die keinen intensiven Bezug zu den Inhalten haben.

Die einzelnen Use Cases lassen sich unterteilen in *Alleinreisende,* die das Shuttle mit fremden Personen teilen, und in *Reisegruppen,* die das Shuttle für sich nutzen. Zudem kann zwischen einem Business- und Privatszenario unterschieden werden. Die Use Cases im Detail sind folgende:

- **Business-Reise als Team:** Frau Schmidt und Ihre 3 Kolleginnen und Kollegen eines Architekturbüros aus Stuttgart müssen zu einer Besprechung nach Leipzig. Für den Weg vom Leipziger Flughafen zur Baustelle nutzen sie das FlexCAR. Während der Fahrt wollen sie die Planungsentwürfe, die sie dem Kunden vorstellen werden, noch einmal durchgehen. Dazu aktivieren sie die große Co-Working Oberfläche, die sich aus den Konsolen zwischen den vorderen und hinteren Sitzen ausklappt und mittig im Fahrzeug aufbaut. Frau Schmidt verbindet Ihr Geschäftshandy mit dem FlexCAR, indem sie es in die Lade- und Connection-Schale legt. So kann sie auch auf die in der Business-Cloud gespeicherten Daten zugreifen. Die Entwürfe lädt sie dank der 5G-Verbindung in Sekunden herunter. Über Projektoren im Dach werden die Pläne auf die Co-Working Oberfläche projiziert und die Insassen können diese per Touchbefehle zoomen, drehen, umpositionieren oder auch bearbeiten (siehe Abb. 3.2).

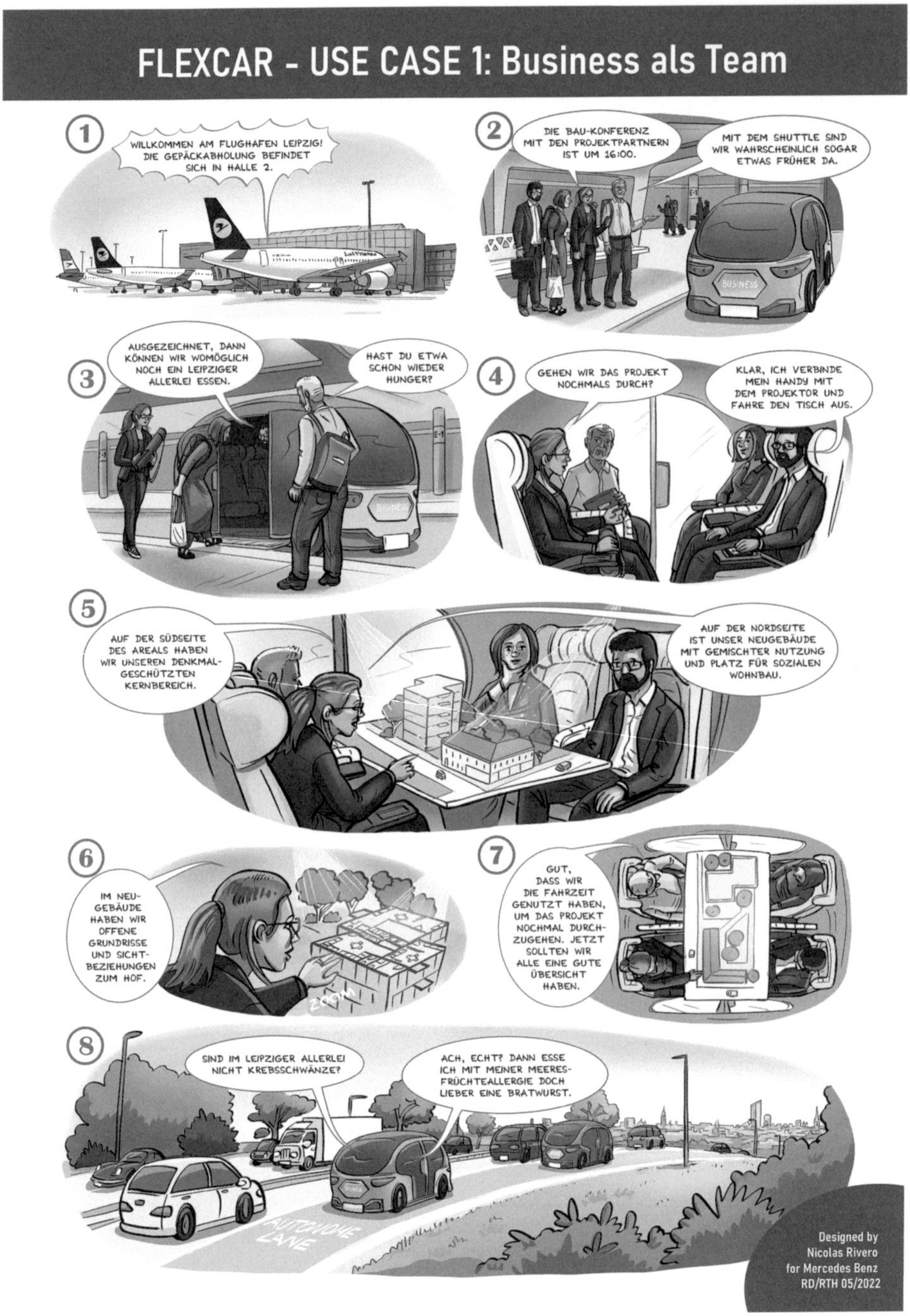

Abb. 3.2 FlexCAR Use Case 1: Business Gruppe

- **Business-Reise alleine:** Frau Mayer aus München reist zu einer Konferenz in den Messehallen in Hamburg, bei der sie verschiedene Vorträge anhören möchte. Die Fahrtzeit im FlexCAR vom Flughafen möchte sie nutzen, um sich schon einmal einen Überblick über den Lageplan und die Terminschiene zu machen. Dazu verbindet sie ihr Handy mit dem FlexCAR und öffnet die Website der Konferenz auf ihrem individuellen Screen. Hier kann sie bequem die Inhalte anschauen und bearbeiten, da dieser hinsichtlich Sichtbarkeit und Erreichbarkeit ergonomisch optimiert positioniert ist. Zudem kann die Nebensitzerin nicht auf Frau Mayers Screen sehen, da die Ausrichtung des Screens ungewollte Einblicke verhindert. Frau Mayer fühlt sich wohl und sicher bei der Nutzung des Screens und hat keine Angst auch vertrauliche oder private Informationen aufzurufen. Daher liest sie anschließend noch die neuesten E-Mails und beantwortet einige auch direkt (siehe Abb. 3.3).

- **Private Reise allein:** Tim war im Urlaub und möchte die gute Stimmung gerne auf dem Weg vom Flughafen in seine Wohnung in Frankfurt konservieren. Daher entscheidet er sich nicht die überfüllten öffentlichen Verkehrsmittel, sondern das FlexCAR-Shuttle zu nutzen. Er legt seinen Rucksack in eines der Gepäckfächer an der Vorder- und Rückseite des Shuttles und nimmt Platz auf dem bequemen Sitz. Er aktiviert den Privacy Mode, um die letzten Meter bis nach Hause zu entspannen. Der Sitz fährt zurück, die Lehne und die Sitzfläche neigen sich nach hinten. Zudem wird ein Licht eingeschaltet, dass den Gegenübersitzenden leicht blendet und den Blick auf Tim erschwert. Zusätzlich fährt ein Trennelement zwischen Tim und seiner Nebensitzerin aus, welches ebenfalls den Blickkontakt zu Tim verhindert. Die vertikale und sitzplatzbezogene Belüftung stellt Tim auf wohlige 23 °C ein und das Ambientelicht wird für seinen Sitzplatz gedimmt. Trotz des relativ kleinen Raumes fühlt sich Tim zurückgezogen und entspannt und genießt die Fahrt nach Hause, indem er auf dem individuellen Screen durch seine Urlaubsfotos blättert. Diese hat er bequem von seinem Handy auf den Screen dupliziert (siehe Abb. 3.4).

- **Private Gruppenreise als Familie:** Familie Vier ist auf dem Weg zum Flughafen, um die Großeltern in den USA zu besuchen. Um die beiden Kleinkinder während der Fahrtzeit zu bespaßen, entschließen sich die Eltern ein digitales Brettspiel zu spielen. Dazu aktivieren sie die große Oberfläche, die sich aus den Konsolen zwischen den vorderen und hinteren Sitzen ausklappt und mittig im Fahrzeug aufbaut. Es bildet sich eine große Fläche, die genug Platz für die Darstellung eines Spielbrettes bereitstellt. Aus dem Shuttle internen Infotainmentangebot suchen sie sich das Spiel Mensch-ärgere-dich-nicht aus. Das Spielbrett und die Figuren werden auf die Interaktionsfläche projiziert. Die Steuerung erfolgt per Gestenerkennung oder Touchbefehlen auf der Fläche und die Spielzüge sind dynamisch animiert (siehe Abb. 3.5).

Abb. 3.3 FlexCAR Use Case 2: Business alleine

Abb. 3.4 FlexCAR Use Case 3: Privat allein

Abb. 3.5 FlexCAR Use Case 4: Private Gruppe

Als Grundlage für die Interieurkonzeptentwicklung und den Aufbau eines Interieurmoduls liegt der Schwerpunkt für das folgende Kapitel auf dem Use Case *Business-Reise alleine,* indem Geschäftsreisende arbeitsbezogene Tätigkeiten während der Reisezeit im FlexCAR ausführen. Einige grundlegende Annahmen wurden für die Gestaltung des Interieurkonzeptes getroffen:

- **Automatisierungsgrad:** Der Automatisierungsgrad beim FlexCAR sieht keine Fahrzeugsteuerung durch den Passagier mehr vor, d. h. es liegt SAE Level 4 [12].
- **Nutzungsmodell:** Die Nutzung ist im Sharing-Modell als On-demand Service mittels Buchung in einer Smartphone-App vorgesehen.
- **Sicherheit:** Das FlexCAR fährt autonom absolut sicher und verursacht keine Unfälle („crashless").
- **Raum-/Platzbedarf:** Die Passagieranzahl beträgt bis zu 4 Personen. Die Innenraumhöhe soll ein bequemes Ein-/Aussteigen aber kein aufrechtes Stehen ermöglichen, um ein ansprechendes Exterieurdesign mit annehmbaren Proportionen gestalten zu können.
- **Gleichstellung aller Insassen:** Ergonomie und Komfort soll für alle Sitze im Fahrzeug gleich sein. Die Sitzrichtung bezogen zur Fahrtrichtung bildet hier eine Ausnahme.
- **Wertigkeit:** Das Shuttle soll vier hochwertige Einzelsitze bereitstellen und bewusst keinen Linienbuscharakter haben, sondern Bezug nehmen zum Premiumsegment aus dem Pkw-Bereich.

Das Vorgehen zur Konzeptentwicklung, der prototypische Aufbau und dessen Evaluation wird in den folgenden Unterkapiteln näher beschrieben.

3.3.2 Nutzerumfrage zum mobilen Arbeiten im Fahrzeug

Als Input für eine nutzerzentrierte Entwicklung der Konzepte für mobiles Arbeiten im FlexCAR wurde eine Umfrage mit $N = 618$ Teilnehmenden durchgeführt [16]. Ein Online-Fragebogen erfasste Anforderungen und Erwartungen an den Fahrzeuginnenraum hinsichtlich des mobilen Arbeitens sowie die allgemeine Akzeptanz der Nutzenden. Das Szenario für die Nutzerumfrage beschrieb ein autonomes Business-Shuttle, das für den Weg zur Arbeit und zu geschäftlichen Terminen als Mobility-as-a-Service genutzt werden kann.

Die Ergebnisse zu den aktuellen Störfaktoren beim mobilen Arbeiten während der Reisezeit zeigen, dass fehlende Ausstattung und für das Arbeiten ungeeignete Ablageflächen als häufigste Gründe genannt wurden. Wie in Abb. 3.6 zu sehen, gilt das sowohl für die Personen, die bereits regelmäßig während der Reisezeit arbeiten, als auch für die Personen, die nicht regelmäßig während der Reisezeit arbeiten. Auch mangelnde Privatsphäre wurde als häufiger Störfaktor genannt.

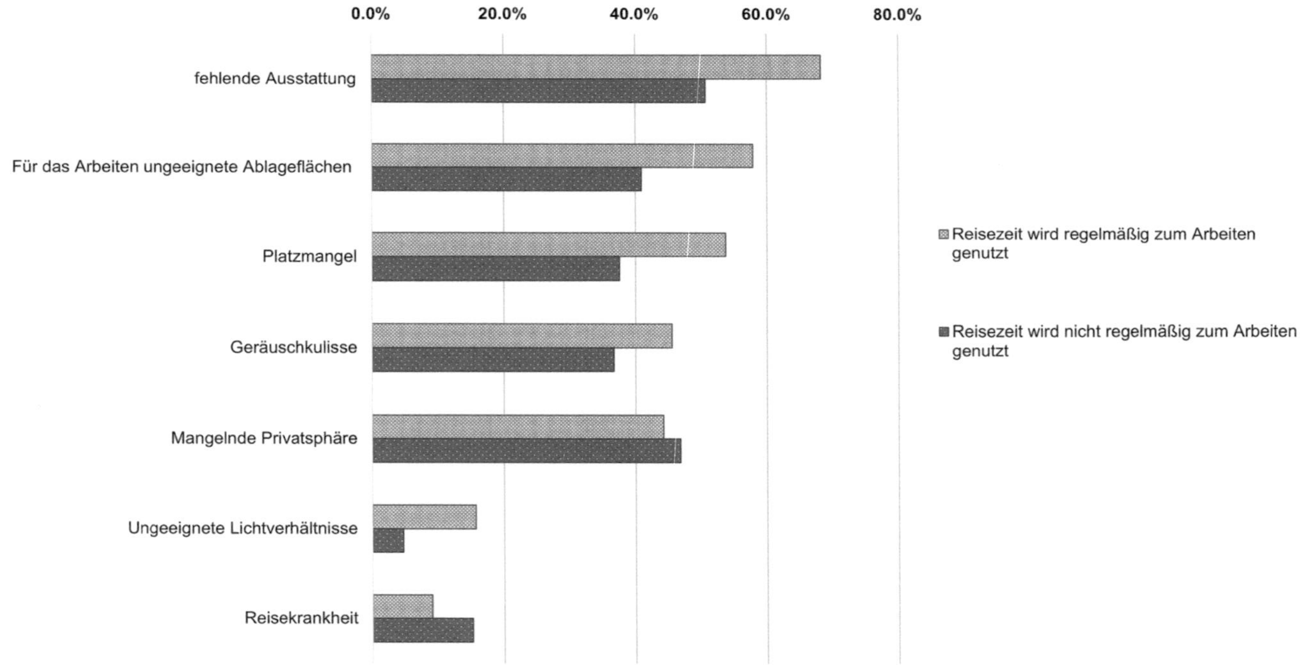

Abb. 3.6 Störfaktoren beim Arbeiten während der Reisezeit, Mehrfachauswahl möglich ($N = 618$)

Dementsprechend wurde bei den Ausstattungswünschen eines mobilen Arbeitsplatzes im Fahrzeug aus Nutzendensicht an erster Stelle die Arbeitsfläche für Laptop, Tablet oder Dokumente genannt (94.2 % der Befragten), gefolgt von einer ausreichend großen Bildschirmfläche (61.2 % der Befragten).

Mögliche zukünftige Ausstattungsmerkmale eines Innenraums wurden anhand des Kano-Modells abgefragt. Das Kano-Modell ist eine subjektive Methode, um den Einfluss von Produktmerkmalen auf den Zufriedenheitsgrad der Nutzenden zu untersuchen, wobei für jedes Merkmal ein positives Item (funktional) und ein negatives Item (dysfunktional) abgefragt wird [17]. Das Modell ordnet die Produktmerkmale in der Auswertung vier verschiedenen Kategorien zu: *Basismerkmale* werden von Nutzenden als selbstverständlich angesehen. *Leistungsmerkmale* haben einen direkten Einfluss darauf, wofür sich die Nutzenden entscheiden, und beeinflussen die Zufriedenheit der Nutzenden mit dem Produkt. Merkmale, die eine positive Reaktion hervorrufen und von den Nutzenden nicht erwartet werden, sind sog. *Begeisterungsmerkmale. Unerhebliche Merkmale* hingegen machen keinen Unterschied für die Nutzerzufriedenheit mit einem Produkt.

Um die Erwartungen hinsichtlich möglicher Interaktionskonzepte für das mobile Arbeiten abzufragen, wurden den Teilnehmenden vier mögliche Technologien zur Bewertung präsentiert: eine Bildschirmfläche mit Touchscreen-Funktion, eine interaktive Projektionsoberfläche, eine Augmented-Reality Brille und ein intelligenter Sprachassistent. Die Analyse anhand des Kano-Modells zeigt auf (siehe Abb. 3.7), dass eine Bildschirmfläche mit Touchscreen-Funktion als attraktives Ausstattungselement für das mobile Arbeiten bewertet wurde, das Nutzende begeistern würde. Alle anderen präsentierten Optionen waren unerhebliche Merkmale und haben somit keinen Einfluss auf die Zufriedenheit der Nutzenden. Des Weiteren bewerteten die Teilnehmenden zukünftige Optionen zur Erzeugung von Privatsphäre im Fahrzeug anhand des Kano-Modells. Die Analyse zeigt, dass individuelle akustische Zonen und ein visueller Sichtschutz als Leistungsmerkmale wahrgenommen wurden und somit von zentraler Wichtigkeit für das Arbeiten bei Anwesenheit anderer Personen sind.

Insgesamt zeigte sich eine sehr hohe Akzeptanz bei der befragten Personengruppe für den Use Case Arbeiten im Fahrzeug: 70 % der Befragten gaben an, dass sie die Möglichkeit zur mobilen Arbeit im autonomen Fahrzeug als nützlich empfinden würden und 59 % stimmten zu, dass sie sich vorstellen könnten, regelmäßig ein autonomes Fahrzeug mit der Option auf mobile Arbeit zu nutzen.

3.3.3 Konzepterstellung und virtuelle Evaluation von Interieurelementen

Auf Basis der hohen Akzeptanz des mobilen Arbeitens im autonomen Shuttle, der resultierenden Anforderungen aus der Nutzerumfrage sowie der Recherche aktueller Konzeptfahrzeuge wurden virtuelle Konzepte eines Fahrzeuginterieurs visualisiert. Zentrales

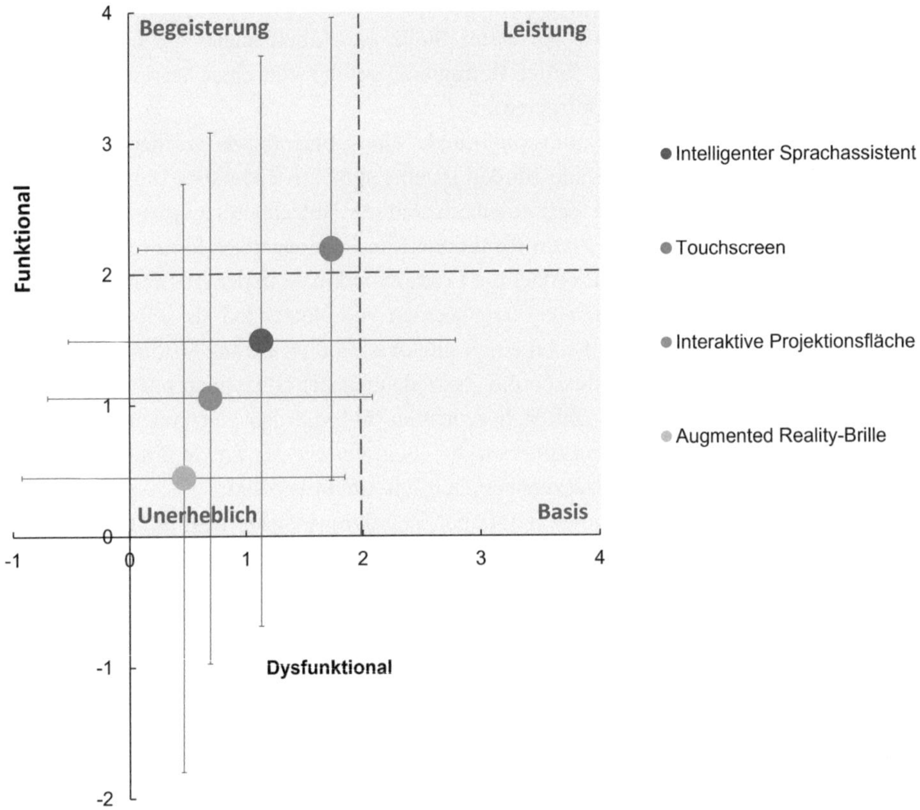

Abb. 3.7 Bewertung verschiedener Technologien zur Interaktion für das mobile Arbeiten anhand des Kano-Modells ($N = 618$)

Element in den erstellten Interieurkonzepten war die Schaffung einer geeigneten Arbeitsumgebung durch die Nutzung von verschiedenen Oberflächen für das Anzeigen und Bearbeiten von Arbeitsinhalten. Besonders sog. *interaktive Oberflächen* bieten Potenzial im Fahrzeuginnenraum, indem sie Ein- und Ausgabegerät vereinen und eine direkte Interaktion mit Informationen oder Steuerelementen durch Berührung der Nutzenden ermöglichen [18]. Des Weiteren sollte der Innenraum die Möglichkeit bieten, mittels einer flexiblen Sitzkonfigurationen allein oder in der Gruppe arbeiten zu können.

Eine Virtual Reality Studie mit $N = 14$ Teilnehmern wurde durchgeführt, in der Teilnehmende die Konzepte mittels eine 3D Visualisierungs-Software erleben konnten und unter anderem zur Wichtigkeit verschiedener Infrastrukturoptionen des präsentierten Innenraums befragt wurden (siehe Abb. 3.8). Bezüglich des mobilen Arbeitens wurden die Arbeitsfläche zum Arbeiten allein, ein verstellbarer Sitz zum Arbeiten sowie Relaxen

Abb. 3.8 Visualisierung zum Interieurkonzept für mobiles Arbeiten mit interaktiver Oberfläche

und eine flexible Sitzkonfiguration, z. B. für Gruppenmeetings, als am wichtigsten bewertet. Auch anpassbares Licht im Innenraum für verschiedene Nutzungskontexte und die Möglichkeit, interaktive Inhalte auf Oberflächen im Innenraum anzuzeigen, wurden von der Mehrheit der Teilnehmenden als überdurchschnittlich wichtig erachtet.

Die Visualisierung des Innenraums diente als Grundlage für einen physischen Prototyp in Form eines Interieurmoduls. Wie in den vorigen Nutzerstudien gezeigt, ist vor allem eine geeignete Arbeitsfläche zum Bearbeiten der Büroaufgaben von zentraler Bedeutung für die Nutzenden. Mithilfe des Interieurmoduls sollten deshalb verschiedene Interaktionskonzepte für das mobile Arbeiten erlebbar gemacht und im Rahmen von Nutzerstudien bewertet werden. Fokus lag hierbei auf der Umsetzung einer Arbeitsfläche zum Arbeiten allein, der flexiblen Sitzkonfiguration sowie dem Schaffen von interaktiven Oberflächen für das mobile Arbeiten im Innenraum.

3.3.4 Aufbau des Interieurmoduls

Auf Basis des virtuellen Konzeptes wurde als Testumgebung für das Erproben neuer Innenraumkonzepte ein Interieurmodul aufgebaut. Dieses lässt sich auf das Rolling Chassis des FlexCAR aufsetzen. Das Interieurmodul besteht aus einer Bodenplatte mit einer selbsttragenden Rahmenkonstruktion, in die Sitzschienen sowie zusätzliche Nebenschienen integriert wurden. Das Schienensystem ermöglicht die Realisierung verschiedener Sitzkonstellationen und -positionen, wie beispielsweise eine vis-à-vis Gruppierung von vier Sitzen, wie sie für das *Peoplemover* Konzept vorgesehen ist. Zudem erlauben die

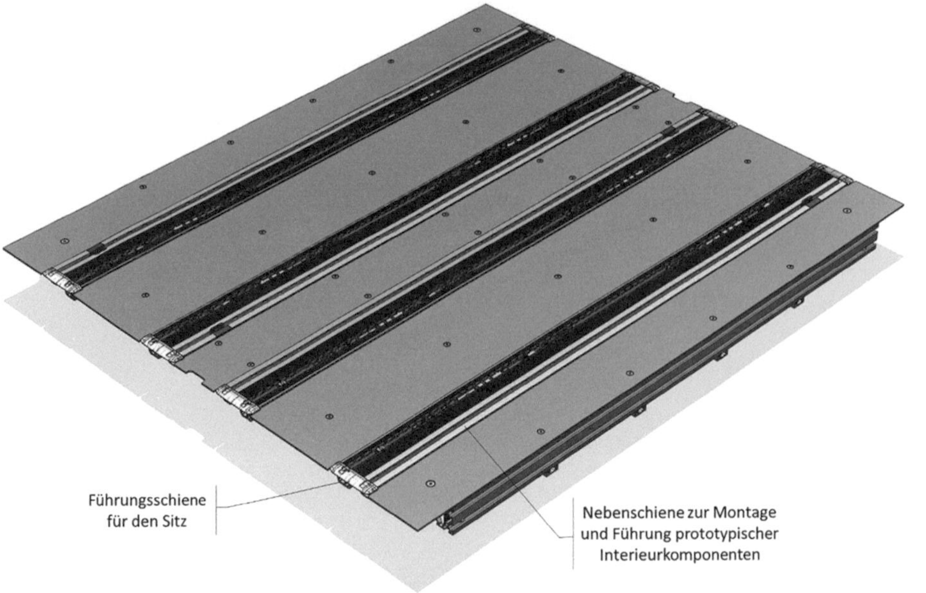

Abb. 3.9 FlexCAR CAD Interieurmodul mit Sitz- und Nebenschienen

Nebenschienen die Integration weiterer Interieurkomponenten, wie Tische oder Mittelkonsolen, die unabhängig zu den Sitzen positioniert werden können (siehe Abb. 3.9 und 3.10).

Dieses Interieurmodul wurde im Rahmen von FlexCAR als Versuchsumgebung für das Durchführen einer Nutzerstudie zu Interaktionskonzepten beim mobilen Arbeiten genutzt. Ziel der Studie war es, Konzepte für das Anzeigen sowie Bearbeiten von digitalen Arbeitsinhalten zu evaluieren.

Zwei Fahrzeugsitze der Mercedes-Benz V-Klasse sowie zwei prototypische, interaktive Arbeitsoberflächen wurden auf der Bodenplatte integriert. Die erste interaktive Oberfläche war ein Display mit Toucheingabefunktion, das in einen tischähnlichen Unterbau eingelassen wurde. Beim Display handelte es sich um einen handelsüblichen berührungsempfindlichen 27-Zoll Bildschirm, der sich vor einem der Passagiersitze befand und eine einstellbare Neigung der Displayfläche in Richtung des Nutzers oder der Nutzerin ermöglichte.

Die zweite interaktive Oberfläche bestand aus zwei Schichtstoff-Platten, in die eine kapazitive Folie einlaminiert war, die die Berührungen der Nutzenden erkannte (Interaktionsfläche: 608 mm × 700 mm) und mittels Softwareschnittstelle mit den projizierten Inhalten verknüpfte. Auch diese Tischplatte war neigbar und konnte zum einen als Anzeige- und Bedienoberfläche sowie als herkömmlicher Tisch genutzt werden. Als

Abb. 3.10 FlexCAR CAD Interieurmodul mit Sitzen auf Rolling Chassis

Projektoren kamen drei Philips PicoPix Max One zum Einsatz, welche im Dach des Interieurmoduls montiert waren. Zwei Kriterien zur Auswahl der Projektoren waren die Größe sowie das Gewicht. Es sollten Projektoren verwendet werden, welche einen Übertrag in ein bestehendes Fahrzeugkonzept nicht im Vorhinein ausschließen lassen.

Der erweiterte Aufbau des Interieurmoduls ist in Abb. 3.11 dargestellt.

Bei beiden interaktiven Oberflächen kam eine Software zum Einsatz, die es ermöglichte, Softwareanwendungen in verschiedenen Anordnungen und Größen auf beliebigen physischen Oberflächen anzuzeigen [19]. Die Software übernahm auch die Kompensation für Überschneidungen der Projektionsflächen, ermöglichte die veränderliche Position und Rotation der Projektionsfläche auf der neigbaren und einstellbaren Tischfläche sowie die Zuordnung der Touchinteraktion [19]. Beide Konzepte baten die Eingabe von Text über eine virtuelle Tastatur an, die während der Texteingabe durch akustisches Feedback unterstützt wurde.

Abb. 3.12 zeigt den realen Versuchsaufbau. Hier wurden nachträglich noch Vorhänge installiert, um konstante Lichtverhältnisse für alle Versuchsteilnehmenden zu gewährleisten. Zudem dienten die Vorhänge in Kombination mit einer fotorealistischen Abbildung an Front und Heck des Interieurmoduls der Immersion, sich in einem Shuttleinterieur zu

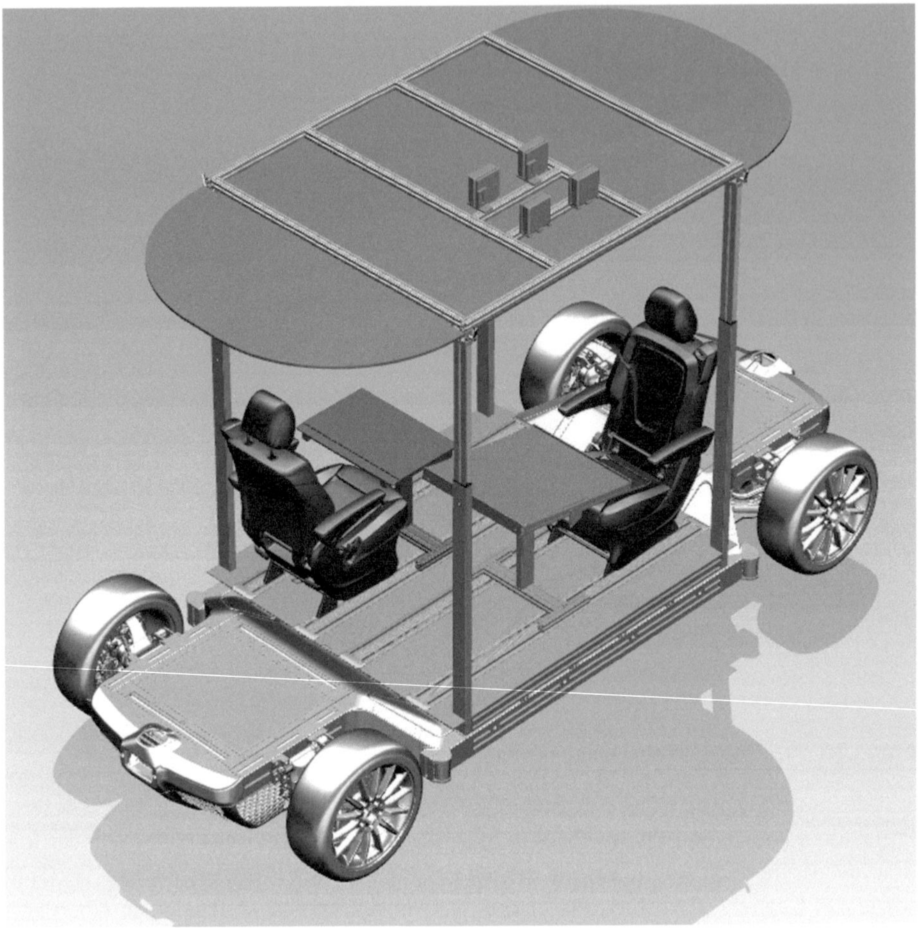

Abb. 3.11 FlexCAR CAD Interieurmodul mit Zusatzkomponenten

befinden und die akustischen und visuellen Störeinflüsse aus der Halle der Arena2036 zu mindern.

3.3.5 Nutzerstudie im Interieurmodul: Evaluation von interaktiven Oberflächen zum mobilen Arbeiten

Das vorgestellte Interieurmodul und Setup wurde für die Durchführung einer Nutzerstudie eingesetzt, um die beiden vorgestellten Konzepte für das mobile Arbeiten im Fahrzeug zu bewerten [20]. Das Ziel der Studie war es, erste Erkenntnisse für eine ergonomische und nutzerorientierte Infrastruktur für die mobile Arbeit im Fahrzeug abzuleiten.

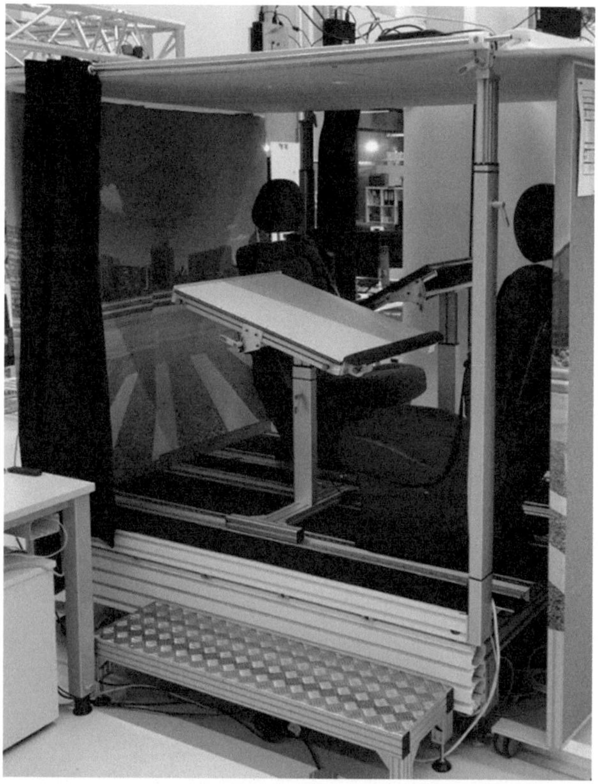

Abb. 3.12 Interieurmodul für die Nutzerstudie. (Quelle: 20, S. 356])

Evaluiert wurden die beiden Konzepte für interaktive Oberflächen zum mobilen Arbeiten, der Touchscreen und die Projektionslösung, im Vergleich zur mobilen Arbeit an einem herkömmlichen Laptop für Büroarbeit mit einem 14-Zoll Bildschirm und integriertem Touchpad. Die Studie simulierte die Durchführung verschiedener Bürotätigkeiten mit Microsoft-Office Anwendungen, wie das Bearbeiten eines Dokuments, einer Präsentation, einer Tabellenkalkulation sowie das Verwalten von Terminen im Kalender.

In einem Within-subjects-Design wurde mit $N = 32$ Teilnehmenden als objektives Maß die Effizienz bei der Aufgabenbearbeitung erhoben. Des Weiteren wurden als subjektive Maße das Nutzungserlebnis anhand des User Experience Questionnaire (UEQ), die subjektive Arbeitsbelastung (NASA Task Load Index) und die wahrgenommenen Vor- und Nachteile der drei Konzepte erhoben. Alle drei in der Studie untersuchten Konzepte sind in Bild Abb. 3.13 dargestellt.

Die Ergebnisse der Studie lassen die Schlussfolgerung zu, dass der Touchscreen als bevorzugte Konzeptlösung für die durchgeführten Büroaufgaben im Vergleich zum Laptop und der Projektion hervorgeht. Der Touchscreen zeichnete sich insbesondere durch eine sehr gute Gesamtqualität des Nutzungserlebnisses aus (siehe Abb. 3.14), jedoch auch durch die als vorteilhaft wahrgenommene Displaygröße für die Bearbeitung von

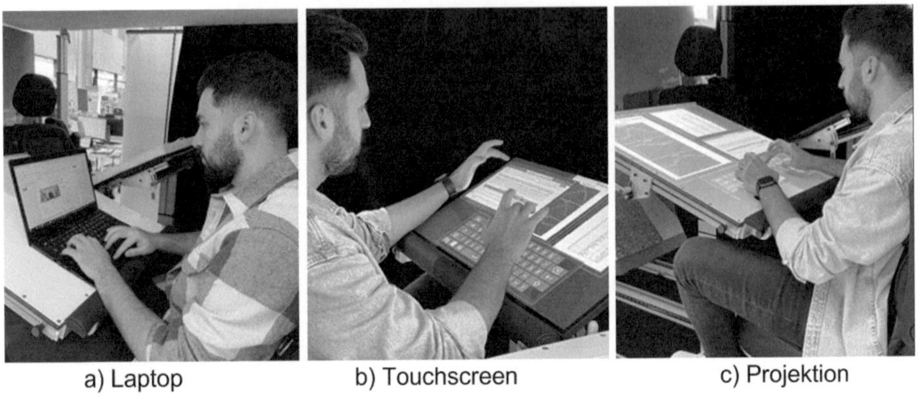

Abb. 3.13 Interaktionskonzepte zum mobilen Arbeiten für die Nutzerstudie. (Quelle: [20, S. 356])

Büroaufgaben und vergleichsweise schnelle Bearbeitungszeiten. Der Laptop erwies sich als etabliertes Konzept für das mobile Arbeiten mit hoher pragmatischer Qualität wie in Abb. 3.14 zu sehen ist. Aufgrund der geringeren Bildschirmgröße wurde er von vielen Teilnehmenden jedoch als umständlich für die getesteten Büroaufgaben empfunden.

Die Projektionslösung erzielte bei der hedonischen Qualität den höchsten Wert, was auf eine subjektive Begeisterung und Freude bei der Nutzung schließen lässt. Allerdings weisen signifikant längere Bearbeitungszeiten, eine höhere Arbeitsbelastung und eine schlechtere pragmatische Qualität des Nutzungserlebnisses auf eine insgesamt schlechte Gebrauchstauglichkeit der Projektionslösung hin. Auch äußerten einige Teilnehmende Kritik an der Arbeit mit einer virtuellen Tastatur und nannten die Arbeit mit einer haptischen Tastatur als klaren Vorteil des Laptops.

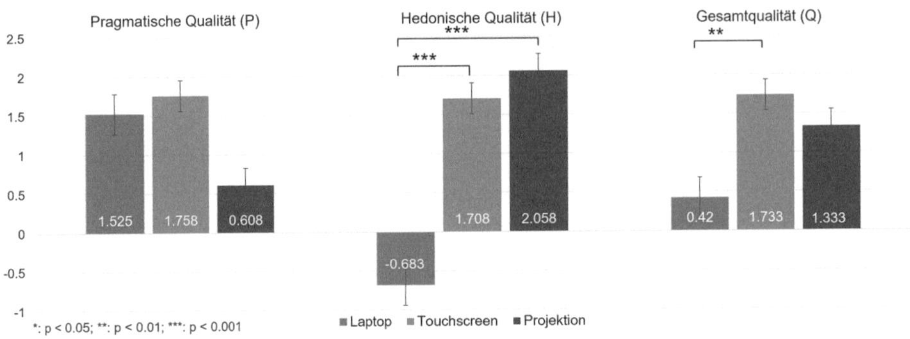

Abb. 3.14 Nutzungserlebnis gemäß des User Experience Questionnaires (UEQ) bei den drei verglichenen Konzeptlösungen. (Quelle: [20, S. 356])

Die Studienergebnisse zeigen, dass ein größerer Anzeige- und Interaktionsbereich, wie beim Touchscreen, zu einem besseren Nutzungserlebnis und einer effizienteren Aufgabenbearbeitung im mobilen Kontext beitragen kann. Eine Einschränkung der Studie liegt in den unterschiedlichen Technologie-Reifegraden der Konzepte. Sowohl der Laptop, als auch der Touchscreen sind ausgereifte und am Markt etablierte Technologien, mit denen die Nutzenden vertraut sind. Darüber hinaus ist zu bedenken, dass die unterschiedlichen Bildschirmgrößen der Konzepte, die Altersstruktur und Größe der Stichprobe sowie die Erfahrung der Teilnehmenden mit virtuellen Tastaturen die Repräsentativität der Ergebnisse beeinflusst haben könnten. Trotz der insgesamt schlechteren Bewertung der Projektionslösung bezüglich der Gebrauchstauglichkeit, weist diese Potenzial zur Weiterentwicklung für die Interaktion im Fahrzeug auf. Projektionen ermöglichen eine flexible Nutzung von Innenraumflächen sowie die Personalisierung der Inhalte auf verschiedene Nutzende.

3.4 Ausblick

Das mobile Arbeiten im Fahrzeug gilt als attraktive Tätigkeit in automatisierten Fahrzeugen. Nutzende wünschen sich vor allem eine geeignete Arbeitsinfrastruktur in zukünftigen Interieurkonzepten. Im Rahmen von FlexCAR wurden deshalb Interaktionskonzepte zum mobilen Arbeiten auf Basis der abgeleiteten Anforderungen konzipiert und im Rahmen eines prototypischen Aufbaus evaluiert. Das realisierte Interieurmodul bietet durch seine flexible Grundarchitektur die Möglichkeit, verschiedene Interieurkonzepte und -komponenten für eine Demonstration und Evaluation mit Nutzenden erlebbar zu machen.

Für weiterführende Forschung zum Themengebiet mobiles Arbeiten im Fahrzeug wäre es interessant, Optionen für das Erzeugen von Privatsphäre im Fahrzeug zu untersuchen. Privatsphäre gilt als entscheidender Akzeptanzfaktor für das mobile Arbeiten im Fahrzeug [16]. Eine weiterführende Studie im Interieurmodul könnte verschiedene Sitzkonstellationen und deren Einfluss auf die Wahrnehmung der Privatsphäre in einem autonomen Shuttle untersuchen. Auch bietet das vorgestellte Interieursetup eine Versuchsumgebung für Fragestellungen zum kollaborativen Arbeiten in der vis-à-vis Sitzhaltung, indem die digitalen Oberflächen als gemeinsame Interaktionsfläche zur Gruppenarbeit genutzt werden, wie beispielsweise im Use Case *Business-Reise im Team* von FlexCAR angedacht. Die Demonstration und Evaluation weiterer digitaler Inhalte ist mit dem verfügbaren Interieursetup ebenfalls denkbar, so z. B. Entertainment-Funktionen wie Spiele spielen oder Filme schauen.

Zudem können durch die Anbindung der Bodenplatte auf dem Rolling Chassis auch Studien unter Fahrbedingungen durchgeführt werden. Eine Evaluation der Interaktionskonzepte während der Fahrt ermöglicht, den Einfluss von Reisekrankheit beim mobilen Arbeiten zu untersuchen und diesen bei der Gestaltung zukünftiger Interaktionskonzepte zu berücksichtigen.

Literatur

1. Fuchslocher, G. (2015) „Zeitgewinn in kleinen Schritten", *Automobilproduktion,* S. 52–53.
2. Roeckle, F., Hahn, R., Stegmüller, S., Herrmann, F. (2018) „Features of future autonomous cars: Beyond interior design. A global survey on user preferences" *7th Conference on Future Automotive Technology* (CoFAT), 08.05.2018–9.05. 2018, Fürstenfeldbruck.
3. Sauer, V., Mertens, A., Groß, S., Nitsch, V. & Heitland, J. (2019) „Comparing user requirements for automated vehicle interiors in China and Germany", *Proceedings of the 11th International Conference on Automotive User Interfaces and Interactive Vehicular Applications: Adjunct Proceedings.* Utrecht Netherlands, 21.09.2019–25.09.2019. New York, NY, USA, ACM, S. 302–306.
4. Yang, Y., Fleischer, M. & Bengler, K. (2020) „Chicken or Egg Problem? New Challenges and Proposals of Digital Human Modeling and Interior Development of Automated Vehicles", in Di Nicolantonio, M. (Hg.) *Advances in Additive Manufacturing, Modeling Systems and 3D Prototyping: Proceedings of the AHFE 2019 International Conference on Additive Manufacturing, Modeling Systems and 3D Prototyping, July 24–28, 2019, Washington D. C., USA,* Cham, Springer International Publishing AG, S. 453–463.
5. Pfleging, B., Rang, M. & Broy, N. (2016) „Investigating user needs for non-driving-related activities during automated driving", *Proceedings of the 15th International Conference on Mobile and Ubiquitous Multimedia – MUM '16.* Rovaniemi, Finland, 12.12.2016–15.12.2016. New York, New York, USA, ACM Press, S. 91–99.
6. Ive, H. P., Sirkin, D., Miller, D., Li, J. & Ju, W. (2015) „Don't make me turn this seat around!", *Adjunct Proceedings of the 7th International Conference on Automotive User Interfaces and Interactive Vehicular Applications – AutomotiveUI '15.* Nottingham, United Kingdom, 01.09.2015–03.09.2015. New York, New York, USA, ACM Press, S. 50–55.
7. Pettersson, I. (2017) „Travelling from fascination to new meanings: Understanding user expectations through a case study of autonomous cars", *International Journal of Design,* No. 11, S. 1–11.
8. Grundhoff, S. (2015) *Mercedes F 015 Luxury in Motion: So fährt die S-Klasse des Jahres 2030* [Online] (Automobilproduktion). https://www.automobil-produktion.de/technologie/mercedes-f-015-luxury-in-motion-captain-future-113.html (Abgerufen am 24 November 2023).
9. Volvo Cars (2018) *Volvo Cars' new 360c autonomous concept: reimagining the work-life balance and the future of cities* [Online]. https://www.media.volvocars.com/global/en-gb/media/pressreleases/237020/volvo-cars-new-360c-autonomous-concept-reimagining-the-work-life-balance-and-the-future-of-cities (Abgerufen am 24 November 2023).
10. Pollmann, K., Stefani, O., Bengsch, A., Peissner, M. & Vukelić, M. (2019) „How to Work in the Car of the Future?", *Proceedings of the 2019 CHI Conference on Human Factors in Computing Systems.* Glasgow Scotland Uk, 04 05 2019 09 05 2019. New York, NY, USA, ACM, S. 1–14.
11. Drewitz, U., Walocha, F., Wegener, J., Rehm, J., Grolms, G., Nguyen, H. P., Niermann, D., Trende, A. & Ihme, K. (2021) „Nutzerfokussierte Systemgestaltung zur Unterstützung mobilen Arbeitens im vollautomatisierten Fahrzeug", *Proceedings of the ACIMobility Summit 2021. ACIMobility Summit 2021.* Braunschweig, Deutschland, 21.–22. Sep. 2021.
12. SAE International (2021) „J3016 Taxonomy and Definitions for Terms Related to Driving Automation Systems for On-Road Motor Vehicles", *SAE International – Recommended Practice.*
13. Schartmüller, C., Wintersberger, P., Frison, A.-K. & Riener, A. (2019) „Type-o-Steer: Reimagining the Steering Wheel for Productive Non-Driving Related Tasks in Conditionally Automated Vehicles", *2019 IEEE Intelligent Vehicles Symposium (IV),* IEEE.

14. Schartmüller, C., Riener, A., Wintersberger, P. & Frison, A.-K. (2018) „Workaholistic: On Balancing Typing- and Handover-Performance in Automated Driving“, *Proceedings of the 20th International Conference on Human-Computer Interaction with Mobile Devices and Services.* New York, NY, USA. New York, NY, USA, ACM.
15. Shaer, O., Boyle, L. N., Sadun, R., Kun, A. L., & Lee, J. D. (2019) „Towards Work in Automated Vehicles“, in *Proceedings of CHI 2019 Workshop,* S. 10–16.
16. Mathis, L.-A., Widlroither, H. & Traub, N. (2021) „Towards Future Interior Concepts: User Perception and Requirements for the Use Case Working in the Autonomous Car“, in Stanton, N. (Hg.) *Advances in Human Aspects of Transportation*, Cham, Springer International Publishing, S. 315–322.
17. Moser, C (Hg.) (2012) *User-experience-Design: Mit erlebniszentrierter Softwareentwicklung zu Produkten, die begeistern*, Berlin, Heidelberg, Springer Vieweg.
18. Preim, B. & Dachselt, R. (2015) „Interaktive Oberflächen“, in Preim, B. & Dachselt, R. (Hg.) *Interaktive Systeme,* 2. Aufl., Berlin, Springer Vieweg, S. 545–628.
19. Bues, M., Wingert, B. & Riedel, O. (2018) „VD1: a technical approach to a hybrid 2D and 3D desktop environment“, *2018 IEEE 11th Workshop on Software Engineering and Architectures for Real-time Interactive Systems (SEARIS),* IEEE.
20. Mathis, L.-A., Wechner, R., Bues, M., Widlroither, H., Halili, A., Krun, D. & Lahres, M. (2023) „Interaktive Oberflächen für mobiles Arbeiten“, *wt Werkstattstechnik online*, Vol. 113, No. 09, S. 355–360.

4 Ex- und Interieur- und Einstiegskonzeptentwicklungen

Gundolf Kopp, Katharina Frey und Robert Hahn

4.1 Motivation

Der Wandel der Mobilität hin zum autonomen Fahren und Shared Mobility geht einher mit sich stärker diversifizierenden und schneller verändernden Nutzendenanforderungen. Dies beinhaltet sowohl die Mobilitätsbedürfnisse, als auch das Nutzungsverhalten und fordert mehr Flexibilität und Adaptivität von den Fahrzeugen der Zukunft. Die immer kürzer werdenden Produkt- und Technologielebenszyklen stellen außerdem Anforderungen an die Fahrzeuge und deren Produzenten, die auf herkömmliche Wege nicht mehr zu bewältigen sind. Dieser Trend führt dazu, dass die in einem Fahrzeug verbaute Technologie über dessen Nutzungszeitraum an geänderte Bedarfe und neue Technologien anpassbar sein muss [13, 6, 5]. Aus diesem Grund liegt der Fokus im Forschungsprojekt FlexCAR auf einer homogenen Forschungsplattform mit der sowohl Entwicklungszeit, als auch -kosten eingespart werden können. Sie bietet die Möglichkeit dezentral verschiedene technologische Innovationen und Fahrzeugmodule zu entwickeln, zu optimieren und in bereits im Markt befindliche Fahrzeuge auszurollen. Die verschiedenen Use Cases, Produktionsaspekte und Produktthemen in kundenzentrierten Ex- und Interieurdesigns können mittels moderner, cyberphysischer Ansätze abgebildet und umgesetzt werden.

G. Kopp · K. Frey (✉) · R. Hahn
Fahrzeugarchitekturen und Leichtbaukonzepte, DLR Institut für Fahrzeugkonzepte, Stuttgart, Deutschland
E-Mail: katharina.frey@dlr.de

G. Kopp
E-Mail: gundolf.kopp@dlr.de

R. Hahn
E-Mail: robert.hahn@dlr.de

A. Gerlicher und M. Lahres (Hrsg.), *FlexCAR*, ARENA2036,
https://doi.org/10.1007/978-3-662-69750-4_4

Im Verbundprojekt FlexCAR werden am Beispiel von Antrieb, Interieur, Karosserie und Einstieg die zu erwartenden Änderungen zukünftiger Fahrzeuge dargestellt. Der Trend hin zur autonomen Shared Mobility, beeinflusst durch die daraus resultierende notwendige Interaktion zwischen Nutzenden und Fahrzeug das Ex-, Interieur und den Einstieg der Fahrzeuge und wird in diesem Kapitel genauer beleuchtet.

4.2 Stand der Technik

Die zunehmende Automatisierung und Elektrifizierung sowie der steigende Wunsch nach Individualisierung beeinflussen die Anforderungen an die Mobilität und damit die Fahrzeugkonzepte von morgen. Hierdurch entstehen neue Herausforderungen in der Entwicklung der Fahrzeugarchitekturen und Karosseriestrukturen, die nicht selten im Konflikt zur Ressourcenschonung stehen [24]. Aktuelle Karosseriestrukturen reichen von hybriden und faserverstärkten Monocoque Bauweisen über Leichtmetallstrukturen in Form von Space Frame oder stahlintensiver Schalenbauweise [25]. Der Wandel zum Multi Material Design und der Flexibilisierung von Fertigung und Produktion werden in Projekten wie Next Generation Car des DLRs [24] und Arbeiten der RWTH Aachen [26] und TU Dresden [27] betrachtet. Es ist außerdem ein Trend zur stärkeren Vernetzung und sensorgesteuerten mechanischen Komponenten und Einstiegssystemen sowie zu update- und upgradefähigen Fahrzeugvarianten und-derivaten zu verzeichnen.

4.2.1 Peoplemover Exterieur

Bereits in den vergangenen Jahren wurden auf internationalen Automobilmessen immer wieder Konzepte autonomer Peoplemover vorgestellt. Viele Konzepte beschäftigen sich mit dem Use Case des bereits bekannten öffentlichen Nahverkehrs und sind auf den Transport vieler Menschen oder den Shuttleservice der letzten Meile ausgelegt. Hierfür werden Karosserieformen, die an einen Kleinbus erinnern bevorzugt. So auch das Peoplemover Konzept der e.Go Mobile AG [12] und das von ZF präsentierte Shuttle-Konzept [23].

Das DLR hat mit dem in Abb. 4.1 gezeigten U-Shift ebenfalls ein Konzept entwickelt, das mit seiner Personenkapsel in die Sparte des Kleinbusses gehört [9]. Mit dem Urban Modular Vehicle (UMV) der Next Generation Cars des DLRs wurde außerdem ein Peoplemover im Van-Format betrachtet (Abb. 4.2) [10].

4.2.2 Einstiegskonzepte

Bezüglich der Einstiegskonzepte gibt es auf Grundlage verschiedener Einstiegsstrategien [22] und Ergonomiegrundlagen [8] bereits verschiedenste Öffnungskonzepte. Hierbei ist

Abb. 4.1 U-Shift mit Personenkapsel (DLR)

auffällig, dass bisher nur Fahrzeuge mit nach vorne gerichteter Sitzposition, Lenkrad und Pedalerie betrachtet wurden. Die auf dem Markt vertretenen Öffnungskonzepte reichen von den meist verbauten vorne angeschlagenen Schwenktüren, über hinten angeschlagene Schwenktüren, Schiebetüren, Flügeltüren, Scherentüren, Schmetterlingstüren bis hin zu Kombinationen der verschiedenen Türkonzepte. Die vorne angeschlagene Schwenktür zählt heutzutage zu dem Standard Türkonzept der Serienfahrzeuge. Der Vorteil dieses Türkonzeptes besteht darin, dass die entriegelte Tür im Fahrzustand durch den Fahrtwind geschlossen wird. Außerdem bietet es genügend Raum für einen ergonomischen Einstieg. Der Nachteil dieses Konzeptes ist der seitliche Platzbedarf bei geöffneter Tür und das Öffnen entgegen der wartenden Passagiere [7, 19]. Die hinten angeschlagene Schwenktür unterscheidet sich durch den geänderten Anschlag in der Öffnungsrichtung. Hierdurch kann es bei unzureichender Verriegelung der Tür während der Fahrt zum Öffnen der Tür durch den Fahrtwind kommen, was ein erhöhtes Gefährdungspotenzial der Insassen mit sich bringt. Außerdem wird beim Aussteigen die Sicht zum rückwärtigen Verkehr eingeschränkt. Durch die Schließrichtung besteht zudem die Gefahr, dass ein vorbeifahrendes Fahrzeug die Tür schließt und den Aussteigenden einklemmt [7]. Die Schiebetüren, die bei den Automobilherstellern vornehmlich bei Vans und Bussen zum Einsatz kommen, haben den Vorteil, dass sie einen großen Öffnungsquerschnitt bei geringem, seitlichem Platzbedarf freigeben. Ein Nachteil dieses Konzeptes besteht in der im Exterieur integrierten

Abb. 4.2 UMV der Next Generation Cars des DLR [10]

Führungsschiene, welche ausreichend Platz voraussetzt und das Design beeinflusst [7]. Die Flügeltür kann als Variante einer Schwenktür gesehen werden. Die Schwenkachse liegt hier waagerecht im Dach, wodurch die Tür nach oben geöffnet werden kann. Durch die Erweiterung des Türausschnittes in das Dach hinein, wird der Einstieg auch bei niedrigeren Fahrzeugkonzepten komfortabler. Außerdem wird die Funktion des Regenschutzes beim Zustieg in das Fahrzeug integriert. Der Nachteil dieses Konzeptes liegt hauptsächlich im seitlichen und oberen Platzbedarf beim Öffnen der Tür. Ein weiterer Nachteil besteht in der Crashsicherheit. In einer Unfallsituation, in der das Fahrzeug auf dem Dach zum Liegen kommt, ist das Öffnen der Tür nicht möglich [7]. Dies kann jedoch durch die Annahme von crashless beim FlexCAR vernachlässigt werden. Die Scherentüren, die beim Lamborghini Aventador [3] zum Einsatz kommen bieten den Vorteil des geringen seitlichen Platzbedarfes beim Öffnen der Tür. Ähnlich der Flügeltür ist jedoch der obere Platzbedarf sehr hoch. Je nach Form und Größe der Tür sind die wirkenden Kräfte auf den Bewegungs- und Haltemechanismus sehr groß, was zu zusätzlichen Bauteilen und Gewicht führt [7]. Die Schmetterlingstür ist ähnlich der Scherentür. Allerdings wird zur Öffnung der Tür mehr seitlicher Raum benötigt. Auch der Einstieg lässt sich bei diesem

Konzept nur von hinten Realisieren, da durch die Kinematik nicht der ganze Öffnungsquerschnitt freigegeben wird [7]. Der schwedische Sportwagenhersteller Koenigsegg [4] hat in einigen seiner Modelle Türen verbaut, die beim Öffnen um 90° gedreht werden. Dieses Konzept benötigt wenig Raum in Y-Richtung bei der Freigabe eines großen Öffnungsquerschnittes, während, je nach Geometrie des Türausschnittes der Platzbedarf in Z- und X-Richtung relativ groß ausfallen kann.

Innovative Einstiegskonzepte, die sich keiner oben genannten Variante zuordnen lassen, werden oft auf Messen an Showcars, Designstudien und deren Demonstratoren gezeigt. Hier werden nur ein paar dieser unkonventionellen Konzepte angeschnitten.

Das Konzept des Yo-Mobile Concepts [1] kann als Interpretation einer Schiebetür gesehen werden. Hierbei entfällt die außenliegende Führungsschiene durch die Bewegung der Tür durch das Fahrzeug hindurch. Eine Drehung in der Kinematik lässt die Abmaße des Fahrzeugs beim Öffnen weitestgehend unverändert. Beim SLRV [21] (Abb. 4.3), das ebenfalls im Rahmen des Next Generation Car Projektes am DLR entwickelt wurde, wurde ein Einstiegskonzept dargestellt, das Türen, Dach und Windschutzscheibe als ein Modul nach vorne anhebt und somit den Ein- und Ausstieg ermöglicht. Auch Saab präsentierte in einer Studie ein ähnliches Türkonzept [20]. Im Fall des Peugeot HX1 [18] wird eine Kombination von Bewegungen betrachtet. Die Türen schwenken zunächst ähnlich einer Scherentür auf und können anschließend entlang einer in den Türen integrierten Schiene aus dem Bereich der Einstiegsöffnung herausgeschoben werden. Hierdurch vergrößert sich der Einstiegsbereich und ein komfortabler Einstieg wird möglich.

4.3 Vorgehen und Ergebnisse

Die Konzeption des FlexCARs und die durch die Skalierbarkeit des Rahmens und die Integrierbarkeit verschiedener Antriebe erzeugte Flexibilität des Rolling Chassis lassen verschiedene Use Cases zu. Diese spielen in der Entwicklung des Interieurs, des Exterieurs und des Einstiegskonzeptes eine bedeutende Rolle. Die Use Cases reichen vom Peoplemover, über die Limousine und das Sports Car, den Cargo Mover, bis hin zum Luxury Car, dem Kleinbus und dem Gütertransport und werden in Abb. 4.4 visualisiert. Die in Abschn. 3.2 bereits beschriebenen User Stories priorisieren alle den Anwendungsfall des Peoplemovers und werden auch bei der In-, Exterieur- und Einstiegskonzeptentwicklung herangezogen.

In Zusammenarbeit mit den involvierten Projektpartnern wurden die zu erwartenden Zukunftstrends und Anforderungen an das Fahrzeuginterieur der Zukunft erarbeitet. Dabei lag der Fokus auf Displaytechnologien, Interieur autonomer Fahrzeuge und dem Arbeiten im Fahrzeug, wie bereits in Kap. 3 erläutert. Im Bereich der Displays wird von einem Wandel hin zur dreidimensionalen Gestalt mit integrierten Touch-Funktionen und kraftsensitiven Touch Interfaces mit Smart Materials sowie dem Schaffen interaktiver Oberflächen ausgegangen. Das Fahrzeuginterieur autonomer Fahrzeuge wird von

Abb. 4.3 SLRV der Next Generation Cars des DLR [DLR]

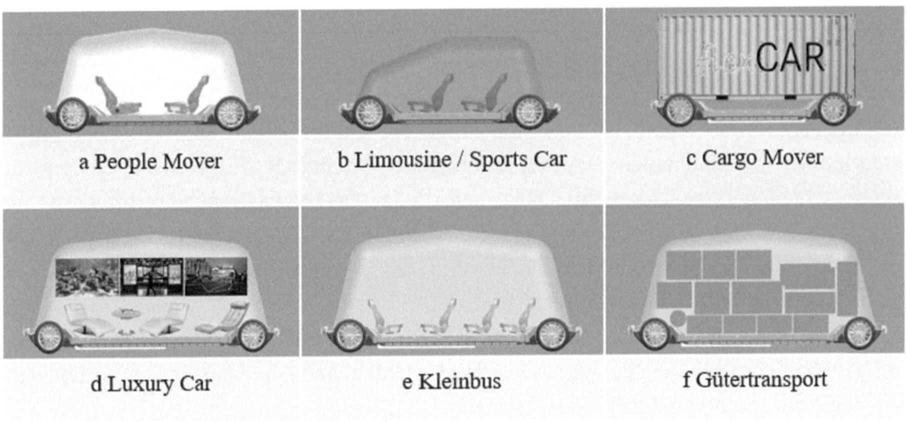

Abb. 4.4 Use Cases FlexCAR (DLR,Mercedes Benz, Hans Hofele)

den Herstellern häufig in der Gestalt von Freiformflächen mit Sitzkonturen oder mit frei beweglichen und drehbaren Sitzen dargestellt. Die Arbeitsumgebung wird auch zukünftig ein äußerst wichtiger Faktor für die Produktivität und das Wohlbefinden der Mitarbeiter

Abb. 4.5 Mobiles Arbeiten im FlexCAR (IAT)

sein. Unterschiedliche Arbeitstypen profitieren dabei von unterschiedlichen Arbeitsumgebungen. Erwartet wird, dass das autonome Fahrzeug als Ort des selbstbestimmten Arbeitens fungieren wird. Dies wird zunächst im Rahmen von Dienstwagenflotten und Privatfahrzeugen der Ober- und Luxusklasse geschehen. Am wahrscheinlichsten ist die Verlagerung von Office- und Kommunikationstätigkeiten ins autonome Fahrzeug. Aus diesen Trends ergibt sich die Forderung an das FlexCAR nach der Ausrichtung des Fahrzeuginterieurs auf den Schwerpunkt der Arbeit im autonomen Fahrzeug. Dabei liegt im ersten Schritt der Fokus auf der Schaffung eines geeigneten Arbeitsplatzes im Interieur. Notwendige Ressourcen, wie Arbeitsequipment (Laptops, Tablets, Akten, Instrumente, …) sollen vom Fahrzeug zur Verfügung gestellt werden. Basierend auf der erarbeiteten Anforderungsliste wurden erste Designkonzepte für das FlexCAR Interieur erarbeitet. Der ausgewählte Use Case hierfür liegt auf einem Business-Sharing Fahrzeug, in dem der Passagier einen geeigneten Arbeitsplatz zur produktiven Nutzung seiner Arbeitszeit (siehe Abb. 4.5) zur Verfügung hat.

Im ersten Schritt wurden verschieden Basiskonzepte für mögliche Interieurkonzeptlösungen erarbeitet, die im Rahmen einer Vorstudie verglichen und bewertet wurden. Hauptgedanken der Konzepte sind die Transformierbarkeit und veränderbare Sitzanordnung, die Kombination aus Komfortsitzen und einfachen Sitzen und die Bereitstellung von Arbeitsplätzen in der Front. Diese wurden für das Rolling Chassis optimiert und im Rahmen des Projektes iterativ weiterentwickelt. Die Hauptmerkmale des Konzeptes reichen von der Zonierung des Fahrzeuges in Arbeits- und Relaxzone (siehe Abb. 4.6), über adaptive Anzeige- und Bedienkonzepte mittels Projektionsflächen, Ablagekonzepte für das Arbeiten im Fahrzeug, Generierung von Privatsphäre im Shared-Betrieb bis hin zu verschiedenen Sitzkonfigurationen. Auch Anzeige- und Bedienkonzepte für die geforderte Mensch-Maschine Interaktion und zur Steigerung von Komfort, Wohlbefinden und Leistungsfähigkeit wurden entwickelt, die auch unabhängig von der Hardware zur Individualisierung und Personalisierung des Innenraums genutzt werden können.

Die erarbeiteten Konzepte wurden mithilfe einer Nutzerbefragung überprüft und konkretisiert. Basierend auf dieser Umfrage wurden außerdem Nutzerstudien in einer Virtual

Abb. 4.6 Relaxen im FlexCAR (IAT)

Reality Umgebung durchgeführt. Hierzu wurden zwei erarbeitete Innenraumkonzepte bewertet, um daraus Design- und Entwicklungsrichtlinien für den FlexCAR Innenraum abzuleiten. Das Setup dieser Studie wurde bereits in Kap. 3 genauer beschrieben.

Zusätzlich wurden Konzepte erarbeitet, um eine Transparenz der KI zu erzeugen und dem Endkunden mittels multimodaler Kommunikation Entscheidungen und Verhalten des autonomen Fahrzeuges verständlich und nachvollziehbar zu machen. Diese Konzepte reichen von der Lichtimplementierungen mit verschiedenen Farbcodes, über dreidimensionale Earcons, die klar erkennbare Tonfolgen nutzen, bis hin zu Vibration, Text-Nachrichten und einer graphischen live Visualisierung des Geschehens. Um die Effektivität und Akzeptanz zu testen wurden die genannten Konzepte in einem Prototypen aufgebaut und Nutzerstudien durchgeführt, was in Kap. 5 genauer spezifiziert wird.

Aufbauend auf den genannten Studien wurden Empfehlungen zur Innenraumgestaltung definiert, die auch für das Exterieur von Bedeutung sind. Diese beziehen sich mit großen Fensterflächen für eine gute Rundumsicht und ein angenehmes Raumgefühl, einer Möglichkeit zur Generierung von akustischer und optischer Privatsphäre und einer Flexibilität der Sitzanordnung auf die allgemeine Gestaltung des Innenraumes. In Bezug auf das Arbeiten im Fahrzeug wird ein cleanes Design, ausreichend große Arbeitsflächen, Infrastruktur zur Anzeige digitaler Inhalte und Aufbewahrungsmöglichkeiten empfohlen. Zum Relaxen sollen neigbare Sitze mit Fußstütze, anpassbarem Licht und verdunkelbaren Scheiben im Interieur integriert werden. Die Interieurkonzepte (siehe Abb. 4.7) wurden für den Mixed Reality Demonstrator, der in Kap. 5 beschrieben wird iterativ geschärft und umgesetzt. Hierfür wurden die Use Cases der geschäftlichen Nutzung und der privaten Nutzung sowohl als Einzelperson als auch als Gruppe betrachtet.

Abb. 4.7 Interieurkonzept des MR_Demonstrators (HdM)

Beim Use Case 1 werden die Hardwarekomponenten Trittstufe, Sitz und Tisch vom Nutzer als MixedReality (siehe Abb. 4.8) erlebt. Der Tisch dient als haptische Referenzoberfläche, die in der virtuellen Umgebung um ein dreidimensionales Hologramm erweitert wird, mit dem der Nutzer virtuell interagieren kann. Use Case 2 startet direkt aus dem Sitz heraus – ohne Einstiegsprozess – und versetzt den Nutzer in eine luxuriöse Innenraumszene. Die Bedienelemente sind in einer realen Mittelkonsole eingebettet und können im virtuellen Raum Funktionen auslösen. Der Hauptfokus dieses Use Cases liegt auf der Darstellung einer fiktiven Innenraumumgebung aus der Sicht eines Kunden mit Luxusanspruch.

Zur Konzeption der Karosserie wurden verschiedene Karosserieformen (siehe Abb. 4.9) und deren mögliche Nutzungsszenarien einander gegenübergestellt. Hierbei wurden die Vor- und Nachteile des Exterieurs, des integrierbaren Interieurs sowie der möglichen Einstiegskonzepte erarbeitet und eine priorisierte Karosserieform festgelegt.

In Anlehnung an die finalisierten Komiks und Use Cases, notwendige Beleuchtungstechnik im Exterieur und den Empfehlungen seitens der Interieurentwicklung wurde das Design des Exterieurs iterativ weiterentwickelt (siehe Abb. 4.11). Hierbei wurde auf einen großen Einstiegsbereich und große Scheibenflächen geachtet. Auf die Ausprägung einer B-Säule wurde in allen Entwürfen verzichtet, während nur bei dem in Abb. 4.11b auch auf sichtbare A- und C-Säulen verzichtet wurde. Die fehlende B-Säule ermöglicht in erster Linie einen maximalen und hindernisfreien Einstiegsrahmen. Gleichzeitig ist es in der Konzeption so möglich, unterschiedliche Türkonzepte zu integrieren und zu testen, ohne

Abb. 4.8 Mixed Reality Demonstrator des FlexCAR (HdM)

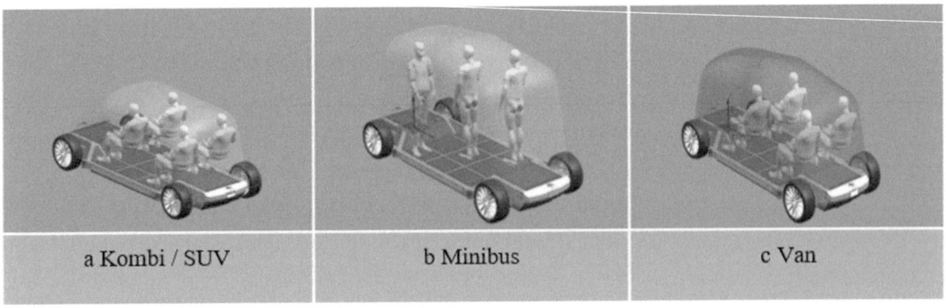

Abb. 4.9 mögliche Karosserieformen des FlexCAR (DLR)

das Exterieurdesign zu ändern. Die Fahrzeugform orientiert sich mit großen, abgerundeten Flächen an den vorangegangenen Formentwicklungen und soll ein freundliches aber auch modernes Gesamtbild erzeugen. Das Design des Aufbaus ist zudem an die Struktur der FlexCAR Plattform angepasst und bildet mit dieser einen stimmigen Formschluss. Die Leuchten im Exterieur wurden teilweise in die Glasflächen integriert, bilden die Trennung zwischen Glas und Struktur oder integrieren sich mit ihrer Designsprache in die vorhandene Struktur. Im finalen Entwurf werden die Leuchten durch eine Pixelstruktur realisiert, über die die Beleuchtung der Fahrtrichtung des Fahrzeugs angepasst werden kann. Zudem lassen sich so Hinweise für die Fahrgäste an Front und Heck des Fahrzeugs darstellen.

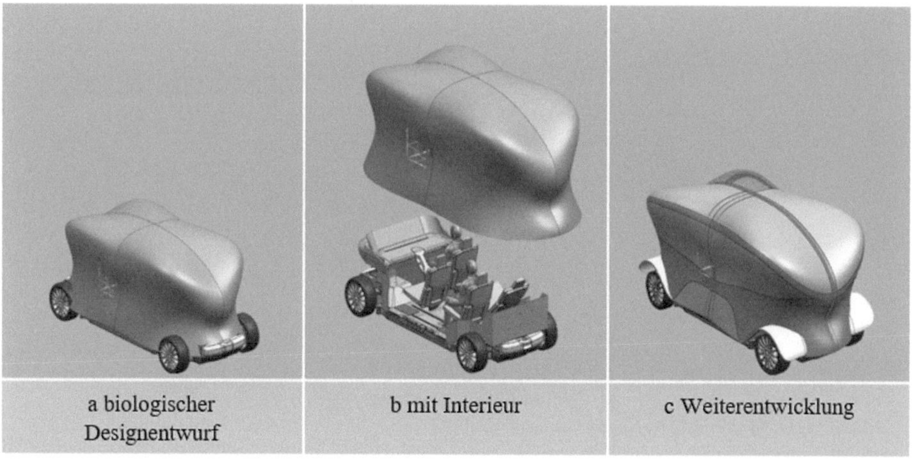

Abb. 4.10 Weiterentwicklung der Van Karosserieform für das FlexCAR (DLR)

Abb. 4.11 Weiterführende FlexCAR Designentwürfe (Robert Hahn, DLR)

Abb. 4.12 Finales FlexCAR Exterieurdesign (Robert Hahn, DLR)

Das Exterieurdesign wurde basierend auf den Entwürfen, dem bestehenden Interieurkonzept und der FlexCAR-Plattform als 3D-Modell zur Integration in die VR-Umgebung erstellt. Auch die Türkinematik wurde dabei integriert und kann so in der virtuellen Umgebung dargestellt werden.

Bei der Konzeption des finalen Designs wurden die bereits erwähnten Aspekte der Van-Fahrzeugform berücksichtigt (siehe Abb. 4.12). Das Design wurde neutral und für alle Zielgruppen ansprechend gehalten.

Auch geforderte Klappen an Front und Heck zur Integration der Kofferhebevorrichtung (siehe Abb. 4.13) und die seitens Interieurentwicklung definierten Rahmenbedingungen fließen in das Design ein. Angelehnt an bisher bekannte Peoplemover-Designs zeichnet sich das hier gezeigte Exterieur durch seinen hohen Grad an Symmetrie aus, was die Flexibilität und den symmetrischen Aufbau des Rolling Chassis widerspiegelt und die Fahrtrichtung offen lässt. Der hohe Glasanteil ermöglicht den Passagieren einen guten Blick in die Umwelt und wirkt der räumlichen Trennung der Passagiere und der Kinetosegefahr entgegen.

In Verbindung mit der Karosserieform des Kombis bzw. SUV's lassen sich in der Front konventionelle vorne angeschlagene Schwenktüren umsetzen. Der Vorteil dieses Konzeptes wurden bereits in Abschn. 4.2.2 beschrieben. In Kombination mit einer Schiebetür im Fondbereich lässt sich ein großer Öffnungsquerschnitt bei geringem seitlichen Platzbedarf umsetzen. Jedoch wird das Design des Exterieurs hier durch die notwendige Führung negativ beeinflusst. In Kombination mit einer Flügeltür wird der Einstieg auch bei niedrigeren Fahrzeugkonzepten komfortabler. Die Kombination mit einer hinten

Abb. 4.13 FlexCAR mit geöffnetem Einstieg und Klappen (DLR, Mercedes)

angeschlagenen Schwenktür (Portaltür) bringt wie bereits erwähnt ein erhöhtes Gefährdungspotenzial der Insassen mit sich. Die Verwendung von komplexeren Kinematiken, wie Scheren- oder Schmetterlingstüren führt trotz mehr Platzbedarf im geöffneten Zustand zu keiner oder nur wenig Verbesserung im Einstiegskomfort bei dem in diesem Projekt priorisierten Anwendungsfall.

Im Bereich eines Kleinbusses lassen sich konventionelle Schiebe- oder Schwingtüren realisieren, die derzeit überwiegend in Bussen Anwendung finden. Diese Konzepte weisen eine relativ einfache Kinematik auf und bieten einen großen Einstiegsbereich bei geringem Platzbedarf im geöffneten Zustand. Sie wirken wenig innovativ und veraltet. Diese Konzepte lassen sich auch auf die Karosserieform des Vans umsetzen und können hier mit einem Targa- bzw. Hubdach kombiniert werden, um den Einstiegkomfort bei der niedrigeren Bauweise zu steigern.

Aufbauend auf dem in mehreren Iterationen entstandenen Exterieurdesign und dem dort angedeuteten Türausschnitt wurden zunächst die bereits erwähnten in Serie verbauten Türkonzepte betrachtet, die in Abschn. 4.2.2 genauer beschrieben wurden.

Im Falle des FlexCAR Exterieurs muss bei der Konzeption eines Einstiegssystems auf Sensoren geachtet werden. Eine Kamera mittig über der Einstiegsöffnung und die Sensoren im Rolling Chassis müssen beim Entwurf einer Kinematik berücksichtigt werden. Auch die vorgesehene Einstiegshilfe in Form einer Trittstufe, die unterhalb des Türausschnittes angeschlagen ist und beim Halten nach außen klappt muss in das Konzept eingebunden werden.

Ein ergonomischer und komfortabler Einstieg wird durch einen groß gewählten Öffnungsbereich ermöglicht, der auch im Exterieurdesign bereits berücksichtigt ist. Um nicht den gesamten Türausschnitt bewegen zu müssen, ist eine Teilung der Fläche in verschiedene Segmente sinnvoll. Im ersten Schritt wurde eine vertikale Teilung angenommen und eine seitliche Öffnung der Türsegmente dargestellt. Bei der vertikalen Teilung zieht sich die Symmetrie des Fahrzeuges auch durch den Türausschnitt. Mit dieser Teilung lassen sich unter anderem das bereits dargestellte seitliche Öffnen der Tür und eine Königsegg-Variante darstellen (siehe Abb. 4.14).

Zur Realisierung des seitlichen Öffnens ergibt sich aufgrund der Geometrie die Herausforderung des Mechanismus. Der Mechanismus einer Bustür mit Bügel lässt sich aufgrund der Geometrie nur mit erheblichen Platzeinbußen im Interieur realisieren. Zur Realisierung einer gewöhnlichen Schiebetür fehlt der ausreichende Platz für die Schienen im Exterieur und auch das Design lässt eine exterieurseitige Schiene nicht zu. Eine in die Tür integrierte Schiene würde dieses Öffnungskonzept möglich machen. Hierzu gab es am DLR bereits Untersuchungen, auf die hier jedoch nicht weiter eingegangen wird.

Bei der Koenigsegg-Variante ergibt sich zum einen die Herausforderung, dass der tatsächliche Öffnungsquerschnitt im Vergleich zu anderen Varianten sehr klein ausfällt. Dazu kommt, dass die Bodenfreiheit bei geöffneter Tür aufgrund der Türgeometrie sehr beschränkt wird, wodurch bereits Bordsteinkanten zum Problem werden können. Auch die benötigte Mechanik nimmt viel Bauraum im Interieur in Anspruch. Zwar kann durch Funktionsintegration eines Griffes an der Schließkante der Einstieg erleichtert werden, jedoch werden wichtige Sensoren und Kameras beim Öffnen und im geöffneten Zustand behindert.

Bei der horizontalen Teilung liegt die Schnittebene waagerecht und nahezu mittig in dem Türausschnitt. Die bei dieser Teilung betrachteten Konzepte lassen sich als Klapptüren, Rotations-Klapptür und Falttür beschreiben (siehe Abb. 4.15).

Bei der reinen Klappvariante lassen sich oberes und unteres Segment einfach herausklappen. Ähnlich der Flügeltür integriert das obere Segment die Funktion des Regenschutzes. Das untere Segment kann als Trittstufe genutzt werden. Der Nachteil hier ist, dass sich die Trittfläche bei geschlossener Tür im Interieur befindet und ein Schmutzeintrag dabei nicht zu vermeiden ist. Bei der Rotations-Klapptür wird dieser Nachteil

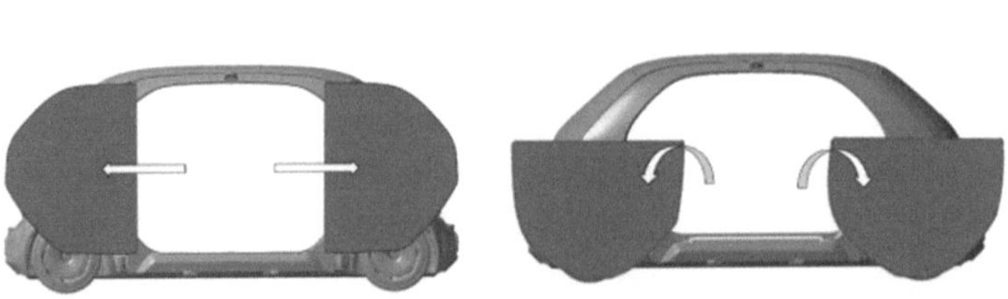

a Schiebetür | b Königsegg-Variante

Abb. 4.14 Öffnungskonzepte mit vertikaler Teilung (DLR)

durch eine etwas komplexere Kinematik des unteren Segmentes eliminiert. Während das obere Segment, wie bei der Klapptür nach oben schwenkt, wird das untere Segment unten nach außen geklappt, während es oben nach unten geführt wird. Somit wird die Exterieurfläche zur Trittfläche und ein Schmutzeintrag wird vermieden. Die Falttür ähnelt in ihrer Kinematik einer Tür eines Küchenoberschrankes. Anders als bisher wird die Teilung nicht gleichzeitig als Schließkante verwendet. Das Öffnungskonzept der Falttür beinhaltet zwei Bewegungen: Die Rotationsbewegung zwischen der Karosserie und dem oberen Türsegment und die Klappbewegung zwischen den beiden Türsegmenten. Während das obere Segment nach oben schwenkt, klappt das untere Segment an der Teilungslinie nach unten. Somit faltet sich die Tür oben zusammen. Die Funktion des Regenschutzes wird auch hier integriert und die vorhandene Trittstufe kann weiterverwendet werden. Lediglich die Sicht der Kamera oberhalb der Tür wird beim Öffnen etwas eingeschränkt.

Beide oben beschriebenen Teilungen kombiniert ergibt die Vierteilung der Türfläche (siehe Abb. 4.16). Mittels dieser Teilung lässt sich die Pakettür darstellen. Der Vorteil dieses Konzeptes, liegt darin die Segmente je nach zur Verfügung stehendem Platz und Notwendigkeit des Öffnens einzeln öffnen zu können. Dies kommt vornehmlich der Cargo Anwendung zu Gute, bei der die Oberen Pakete durch die oberen Segmente ausgeladen werden können, ohne dass andere Pakete herausfallen oder von anderen Adressaten entwendet werden können. Zur Peoplemover Anwendung, die bisher im FlexCAR Projekt priorisiert wurde eignet sich dieses Konzept aufgrund der Vielzahl an Mechaniken nur bedingt. Ein weiteres Konzept, das mit der geviertelten Türfläche abgebildet werden kann ist die „Segmenttür". Hierbei wird die vertikale Teilung nicht als Schließkante, sondern lediglich als Knickstelle verwendet. Somit können sich Ober- und Unterteil gegeneinander verschieben und um das Fahrzeug herum gefaltet werden. Der Platzbedarf zum Öffnen der Tür wird dadurch relativ klein gehalten. Dennoch ist diese Bewegung mit einem erheblichen mechanischen Aufwand verbunden. Die Öffnungszeit wird durch den großen Verfahrweg relativ hoch eingeschätzt.

Zur Bewertung der einzelnen Konzepte wurden zunächst die Kriterien der Kategorien „Design und Ergonomie", „Herstellung und Montage", Funktionalität und Sicherheit" und „Kinematik" definiert. Jedes der sieben Konzepte wurde auf Grundlage der Kriterien mit

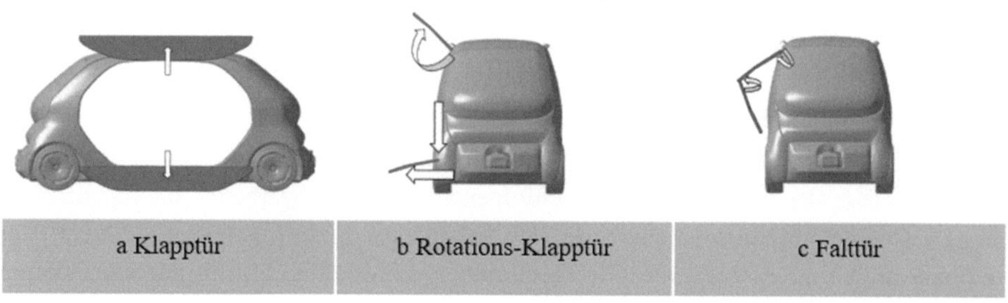

Abb. 4.15 Öffnungskonzepte mit horizontaler Teilung (DLR)

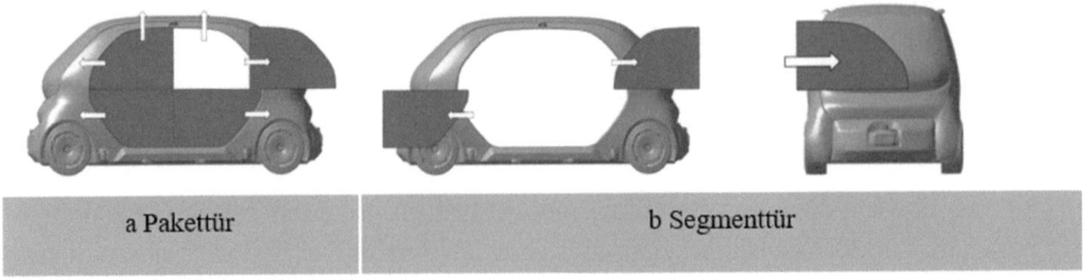

Abb. 4.16 Mögliche Öffnungkinematiken bei Vierteilung des Türausschnitts (DLR)

einer Punktzahl von 1 bis 4 (1 = schlecht; 4 = sehr gut) bewertet. Die Kriterien wurden außerdem mit Gewichtungen versehen. Diese sorgt für ein noch aussagekräftigeres Ergebnis der Bewertung im Hinblick auf den hier betrachteten Use Case. Die gewichtete Bewertung zeigt, dass das Konzept der Falttür die Kriterien am besten erfüllt.

Die beschriebenen Entwicklungen der beiden priorisierten Use Cases wurden als digitale Repräsentationen in Form von 3D Modellen erstellt und in einer Virtuellen Umgebung erlebbar gemacht. Somit lässt sich die Flexibilität des Rolling Chassis mit geringen Kosten und Aufwand darstellen. Der eine Use Case fokussiert den Transport von vier Insassen, die das Shuttle zum Arbeiten und Relaxen nutzen. Der zweite Use Case dient zur Darstellung und Untersuchung zukünftiger autonomer High Class Mobilität, bei der das Relaxen im Vordergrund steht. Die Virtualität ermöglicht eine Vielfalt unterschiedlicher In- und Exterieurvarianten und Türkonzepte zu konzipieren, mit den Endanwendern zu testen und zu optimieren. Die Optimierungen sind bereits während laufender Nutzertests möglich und können ohne hohe Kosten und Zeitaufwand direkt erprobt werden.

4.4 Ausblick

In der Fortsetzung zu diesem Forschungsprojekt sollen sichere und nachhaltige Fahrzeugarchitekturen eines autonomen Fahrzeuges weiter erforscht werden.

Dabei soll der Fokus auf der Interaktion des Fahrzeuges mit dem Menschen und der Umwelt liegen. Das Verhalten des Menschen innerhalb des Fahrzeuges und das Verhalten des Fahrzeuges in Betrieb sollen die Interaktion zwischen Mensch und Fahrzeug bestimmen. Verschiedene Umwelteinflüsse wiederum sollen die Interaktion zwischen Fahrzeug und Umwelt beeinflussen.

Auch die, über die Nutzungsdauer kontinuierliche Anpassbarkeit des Fahrzeuges an die Bedürfnisse des Nutzers, soll in nachfolgenden Forschungsarbeiten thematisiert werden. Dies beinhaltet, dass das Fahrzeug der Zukunft die Bedürfnisse seiner Nutzer kennt und sich diesen anpassen kann. Die Flexibilität und Modularität, mit der ein Fahrzeug entwickelt wird, muss neu gedacht werden. Hierbei sollen nicht nur die Bedürfnisse des einzelnen Besitzers, sondern auch Shared- und Plattformlösungen durchdacht werden.

Ein weiteres Thema darauf aufbauender Forschungsarbeiten soll der Insassenschutz sein. Es sollen Fragen zur Insassensicherheit bei variablen Nutzungsszenarien und die Simulation des Menschen vertieft werden.

Ein weiterer Fokus soll auf der ganzheitlichen Zirkularität liegen. Dies meint die Rückführung einzelner Werkstoffe, aber auch ein funktionales und ressourcenschonendes Design, das die Update- und Upgradefähigkeit des FlexCAR weiterdenkt. Die Optimierung der Ressourcenschonung soll nicht nur während der Nutzungsphase, sondern viel mehr über den gesamten Lebenszyklus betrachtet werden.

Literatur

1. Arizona foothills magazine, 2011. *Arizona foothills magazine.* https://www.arizonafoothillsmagazine.com/autos/set-eyes-to-stunned-for-russian-yo-mobile-concept/ [Zugriff am 31 01 2023].
2. Arizona foothills magazine, 2011. *Arizona foothills magazine* https://www.arizonafoothillsmagazine.com/autos/set-eyes-to-stunned-for-russian-yo-mobile-concept/ [Zugriff am 31 01 2023].
3. Automobili Lambrghini S.P.A, 2019. *The Myth of Lamborghini´s Scissor doors.* https://www.lamborghini.com/en-en/news/myth-lamborghinis-scissor-doors [Zugriff am 30 1 2023].
4. autoscout24, 2010. *Koenigsegg Agera.* https://www.autoscout24.de/auto/koenigsegg/koenigsegg-agera/ Zugriff am 31 01 2023]
5. Bartlett, R., 2016. *Mobility2040: Staying ahead of disruption.* s.l.:Marsh & McLennan Cpmpanies.
6. Boberach, M. et al., 2017. *Mobilität. Erfüllung. System..* Zukunftsstudie Münchner Kreis Band VII Hrsg. München: Münchner Kreise.V..
7. Bubb, H., Bengler, K., Grünen, R. E. & Vollarth, M., 2015. *Automobilergonomie.* Wiesbaden: Springer Vieweg.
8. Deutsches Institut für Normung e. V., 2013. DIN EN ISO 15535 – Allgemeine Anforderungen an die Einrichtung anthropometrischer Datenbanken. Berlin: Beuth Verlag GmbH.
9. Deutsches Zentrum für Luft- und Raumfahrt e.V., 2021. *U-Shift.* https://verkehrsforschung.dlr.de/de/projekte/u-shift/u-shift-ii-demonstrator [Zugriff am 23 11 2023].
10. Deutsches Zentrum für Luft- und Raumfahrt e.V., 2019. *UMV.* https://verkehrsforschung.dlr.de/de/projekte/ngc-umv [Zugriff am 23 11 2023].
11. DLR, 2021/2022. Stuttgart: s. n.
12. e.GO Mobile AG, 2018. *Urban Move.* [Online] https://urbanmove.ac/ [Zugriff am 23 11 2023].
13. Frieske, B., 2012. Elektromobilität und Beschäftigung: Wirkungen der Elektrifizierung des Antriebes auf Beschäftigung und Standortumgebung. Stuttgart: Fraunhofer Verlag.
14. Hahn, R., 2022. Stuttgart: DLR.
15. HdM, 2022. Stuttgart: s. n.
16. Hofele, H., 2021. s.l.:Mercedes Benz AG.
17. IAT Universität Stuttgart, 2020. Stuttgart: s. n.
18. Ivanov, V., 2011. *automobilsreview.* http://www.automobilesreview.com/auto-news/peugeot-hx1-concept-in-frankfurt/34137 [Zugriff am 31 01 2023].
19. Jindong, J., 2015. *Lightweight Design of Vehicle Side Doors.* s.l.:Politcnico di Torino.
20. Net Car Show, 2006. *Saab Aero X Concept.* https://www.netcarshow.com/saab/2006-aero_x_concept/: [Zugriff am 31 01 2023].

21. Nürtinger Zeitung, 2020. *Leicht, leise, sicher-wundersam!*. https://www.ntz.de/mehr/themen/auto-motor-freizeit/artikel_leicht-leise-sicher-wundersam.html [Zugriff am 31 01 2023].
22. Riegel, S., 2005. Entwicklung und Validierung einer Methode zur quantitativen Untersuchung der Ein- und Ausstiegsbewegung in einen Pkw. München: Technische Universität München.
23. ZF, 2019. *ZF.* [Online] https://www.zf.com/site/ats/de/ats.html [Zugriff am 23 11 2023].
24. Münster, M., Kriescher, M., Ruff, M., Vohrer, S., Kopp, G. Next Generation Car – Fahrzeugkonzepte, Fahrzeugarchitekturen und Strukturbauweisen für die zukünftige Straßenmobilität, 7. Tagung für neue Fahrzeug- und Werkstoffkonzepte, Werkstoff plus Auto.
25. Schöll, R., Kopp, G., und Kopp, G. Schöll, Neuartige Leichtbau-Fahrzeugkonzepte durch Hybrid3- Strategie. leightwight design – Die Fachzeitschrift für den Leichtbau bewegter Massen (2008). Vieweg+Teubner Verlag.
26. N.N., https://www.ika.rwth-aachen.de/de/forschung/projekte/leichtbau-undfahrzeugstrukturen.html; Download am 20.02.2018.
27. Maaß,https://openaccess.tudresden.de/ojs/index.php/ddtr/article/download/334/215; Download am 20.02.2018.

Cyberphysische Visualisierungstechnik

5

Ansgar Gerlicher und Axel Braun

Hinweis
Dieses Forschungs- und Entwicklungsprojekt wurde mit Mitteln des Bundesministeriums für Bildung und Forschung (BMBF) im Rahmen des Forschungscampus ARENA2036 (Verbundprojekt FlexCAR, Förderkennzeichen: 02P18Q647) gefördert und vom Projektträger Karlsruhe (PTKA-PFT) betreut. Der Bericht stellt die Ergebnisse aus dem Verbundprojekt vor. Die Verantwortung für den Inhalt dieser Veröffentlichung liegt bei den Autoren.

5.1 Motivation

Die Entwicklung neuer Fahrzeugkonzepte findet häufig in einem aufwändigen und langwierigen Prozess statt, der in der Automobilindustrie meist nach dem V-Modell (XT)[1] abläuft.

[1] Siehe https://www.vdi.de/richtlinien/programme-zu-vdi-richtlinien/vdi-2206, abgerufen am 21.11.2023.

A. Gerlicher (✉) · A. Braun
Institut für Mobilität und Digitale Innovation, Hochschule der Medien, Stuttgart, Deutschland
E-Mail: gerlicher@hdm-stuttgart.de

A. Braun
E-Mail: brauna@hdm-stuttgart.de

A. Gerlicher und M. Lahres (Hrsg.), *FlexCAR,* ARENA2036,
https://doi.org/10.1007/978-3-662-69750-4_5

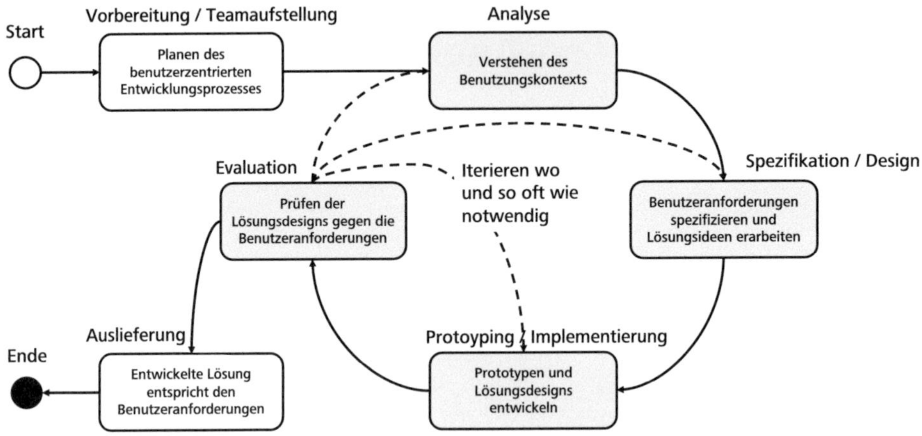

Abb. 5.1 Human-Centred Design Prozess nach ISO 9142-210:2019

Dieses, relativ lineare, sequenzielle Vorgehensmodell, ist im Vergleich zu agilen, iterativen Prozessen, wie z. B. dem Benutzerzentrierten Entwicklungsprozess (vgl. Human-Centred Design Process, ISO 9241-210:2019, Abb. 5.1) weniger flexibel und kann bei veränderten Marktbedingungen und Kundenanforderungen zu Fehlentwicklungen führen, die mit hohen Kosten verbunden sind. Ein Agiles Vorgehen ermöglicht im Gegensatz dazu, schnell auf neue Anforderungen und technische Veränderungen zu reagieren. Ein zentraler Aspekt ist dabei die möglichst frühzeitige und in kurzen Abständen durchgeführte Validierung (Evaluation) von Konzepten und Prototypen. Da in der Fahrzeugentwicklung ein Hardwareaufbau meist mit hohen Kosten und Zeitaufwänden verbunden ist, kann die cyberphysische Visualisierungstechnik hier einen großen Vorteil gegenüber klassischen Ansätzen bieten.

Im Rahmen des FlexCAR Forschungsprojekts beschäftigte sich die Hochschule der Medien unter anderem mit dieser Validierung von Fahrzeugkonzepten. Hierbei wird mittels Technologien wie Virtual-, Augmented- und Mixed-Reality (zusammenfassend eXtended Reality – XR – genannt) das Erlebbarmachen von autonomen Fahrzeugen und des Fahrzeuginterieurs der Zukunft ermöglicht.

Es wurde dabei fahrerloses autonomes Fahren des SAE-Levels 5 betrachtet und der Fokus auf Erst- bzw. frühzeitig Nutzende gelegt. Hierbei lag, unter anderem, der Schwerpunkt auf der Erschaffung von Transparenz zwischen Passagier und autonomen Fahrzeug sowie der Verknüpfung der Bereiche Explainable AI, Human-Centered Design und User Experience [1].

Durch die Erzeugung von KI-Transparenz, dem Aufschlüsseln der Handlungen des autonomen Fahrzeugs, mittels neuartiger Human–Machine Interfaces wurde versucht eine positive User-Experience für Endanwender beim autonomen Fahren zu erzeugen.

In Zukunft werden vollautonome Fahrzeuge ein fester Bestandteil unseres Alltags sein. Während heute noch viele Menschen an festen Orten arbeiten, etwa in Büros oder Home-Offices, ist davon auszugehen, dass auch der Arbeitsalltag durch die autonome Mobilität deutlich mobiler werden wird. Berufsgruppen wie Anwälte, Kaufleute, Manager, Ingenieure oder Architekten arbeiten schon heute viel unterwegs – mit dem Auto, der Bahn oder dem Flugzeug. Diese mobile Arbeitsweise kann mit dem Aufkommen autonomer Fahrzeuge im Alltag noch wichtiger werden.

Die Hochschule der Medien hat im Rahmen des Forschungsprojektes mehrere Studien zu Interaktionskonzepten in autonomen Fahrzeugen mittels „Cyberphysischer Visualisierungstechnik“ durchgeführt. Dabei wurde unter anderem untersucht, wie man die Benutzererfahrung (engl. User-Experience) mittels verschiedener Feedback-Modalitäten verbessern kann [1], wie Transparenz zu den Entscheidungen einer KI die Benutzererfahrung positiv beeinflussen kann [2], wie visuelle Effekte den Fahreindruck beim autonomen Fahren verändern können [3], welchen Einfluss die transparente KI-Kommunikation auf das Vertrauen des Nutzers in die KI haben kann bzw. wann transparente Kommunikation auch einen negativen Einfluss auf die Benutzererfahrung haben kann [5], sowie verschiedene weitere Aspekte.

Im Folgendem Abschnitt wird das generelle Vorgehensmodell bei solchen Studien beschrieben, sowie dieses am Beispiel einer Studie exemplarisch dargestellt.

5.2 Vorgehensmodell

Das Grundlegende Vorgehensmodell aller Studien war der sogenannte Human-Centred Design Prozess [6]. Dieser iterative und agile Entwicklungsprozess besteht aus vier Phasen (siehe Abb. 5.1):

1. Kontextanalyse
2. Anforderungsdefinition & Spezifikation
3. Lösungsdesign/Prototyping
4. Evaluation der Lösung

Diese vier Phasen werden mehrfach durchlaufen, solange bis die Lösung den Anforderungen der Benutzer gerecht wird. Am Ende einer jeden Iteration findet – in der sogenannten Evaluationsphase – ein Benutzertest statt, idealerweise mit der entsprechenden Zielgruppe (entsprechend den zuvor definierten Personas). Dieser Benutzertest ist ein wichtiger Teil der Evaluation und dient der kritischen Prüfung des Designs und darauf basierender nächster Schritte in der folgenden Iteration, bei der dann ggf. die Anforderungen, die Spezifikation und das Lösungsdesign überarbeitet werden.

Als Basis für die im Folgenden beschriebenen Benutzertests dient die, im Rahmen des FlexCAR Projektes entwickelte cyberphysische Mixed Reality Simulationsumgebung – eine Kombination aus Virtual Reality (VR) und realen Fahrzeugelementen. Diese Umgebung ermöglicht eine effiziente, schnelle und kostengünstige Entwicklung von Mobilitätskonzepten und Fahrzeugen.

Als Ausgangspunkt dient ein statischer Versuchsstand mit Van-Sitzen (siehe Abb. 5.5), welcher um ein virtuell-autonomes Erlebnis erweitert wird. Dazu wurden verschiedene VR-Brillen (z. B. Varjo XR-3 und HTC Vive Pro 2), Sensorik- (z. B. Datenhandschuhe und 3D-Tiefenkameras) und Aktoriklösungen (z. B. Vibrationsmotoren und Ultraschall Virtual Touch Interfaces) genutzt. Zusätzlich erlaubte der Einsatz von 3D-Druck bestimmte cyberphysische Fahrzeugelemente und deren Interaktionen prototypisch schnell umzusetzen. Die Verschmelzung realer und virtueller Objekte wurde dabei durch dreidimensionales Tracking des Versuchsstands im Raum (mittels HTC Vive Tracker und Lighthouse Technologie) und der Synchronisation mit der VR-Umgebung erreicht.

Diese Elemente bilden die Basis des „Cyberphysischen Prototypen“, der sie in einem ganzheitlichen Erlebnis vereint. Hier bekommen Nutzer die Möglichkeit, ein autonomes Shuttle zu buchen, in dieses einzusteigen, mit ihm zu interagieren und eine simulierte autonome Fahrt durch eine Stadt zu erleben. Dabei ist es möglich, verschiedene Parameter einzustellen (z. B. Tag/Nacht, Verkehrsaufkommen, Wetter, etc.) um unterschiedliche Verkehrssituationen und -Herausforderungen im Rahmen des autonomen Fahrzeugverhaltens und dessen transparenter KI-Kommunikation zu testen.

Die im Folgenden erläuterte Studie ist nur ein Beispiel dafür, wie mittels „Cyberphysischer Visualisierungstechnik“ unter Verwendung von XR-Technologien Interaktionskonzepte im autonomen Fahren evaluiert werden können. Bei dieser Studie wurde untersucht, welche Interaktionsmodalitäten beim Arbeiten an 2D und 3D Inhalten während der Fahrt in einem autonomen Shuttle besser geeignet sind.

Die Studie vergleicht dabei drei spezielle Formen der Interaktion innerhalb einer virtuellen Umgebung (VR) eines autonomen Fahrzeugs: AR/VR-Gestensteuerung, 3D-Raummaus/Joystick und Touchpad/Smartphone.

Zu Beginn wurde in dieser Studie eine Kontextanalyse durchgeführt in der sogenannte Personas, User-Stories und User-Szenarien erstellt und der "Context-of-Use" (Fahrt in einem autonomen Shuttle) definiert wurde. Der zu untersuchende Use-Case war dabei wie folgt:

Ein Architekt befindet sich auf der Fahrt in einem autonomen Shuttle auf dem Weg zu einer seiner Baustellen. Dabei möchte er den Bauplan in 2D und 3D betrachten und verschiedenen Aufgaben durchführen. Der Architekt trägt während der Fahrt im Shuttle eine AR-Brille und kann damit gleichzeitig die Umgebung im Shuttle, als auch seine digitalen Inhalte (Baupläne) wahrnehmen.

Die konkrete Fragestellung dabei war: Welche Interaktionsmodalitäten sind in diesem Kontext besser geeignet?

Es wurden folgende Hypothesen aufgestellt, welche in zwei Probandenstudien evaluiert wurden, einer Vorstudie und einer Hauptstudie. Aus zeitlichen Gründen konnten wir in dieser Studie nur zwei Iterationen durchlaufen, die aber bereits spannende Ergebnisse liefern konnten und somit einen wertvollen Beitrag im Bereich Benutzerinteraktion im autonomen Fahrzeug leisten.

Hypothesen der Vorstudie

H1: Für 2D-Interaktionen sind herkömmliche Steuerungskonzepte (Touchpad und Spacemouse) effizienter und werden bevorzugt.
H2: Für 3D-Interaktionen ist die Gestensteuerung effizienter und wird bevorzugt.
H3: Die Gestensteuerung erfordert eine hohe körperliche Anstrengung (im Vergleich zu Touchpad und Spacemouse).
H4: Die Spacemouse schneidet bei Interaktionen mit 3D-Projektionen aufgrund ihrer steilen Lernkurve schlechter ab als Touchpad und Gestensteuerung.

Hypothesen der Hauptstudie

H5: Die Spacemouse wird für Aufgaben bevorzugt, die Präzision erfordern.
H6: Da die Gestensteuerung nicht vollkommen zuverlässig ist, bevorzugen die Nutzer die Verwendung der Spacemouse für die meisten Interaktionen
H7: Die Möglichkeit, das zu nutzen, was der Nutzer am besten kann, führt insgesamt zu weniger Frustration.
H8: Die Benutzer entscheiden sich für eine Form der Interaktion und ändern diese danach nicht mehr. Vor Durchführung der Studie wurde eine Literaturrecherche bzw. State-of-the-Art Analyse durchgeführt, die im Folgenden zusammenfassend dargestellt wird.

5.3 Literaturrecherche, Stand der Technik

Die Literatur darüber, wie Interaktionsformen in autonomen Fahrzeugen gestaltet sein müssen, damit ihre Nutzer effizient mit AR-Brillen in einer 2D- oder 3D-Umgebung arbeiten können, ist sehr begrenzt.

Mehrere Studien haben sich auf die Untersuchung verschiedener Interaktionsmodalitäten konzentriert, darunter Gestensteuerung, Space Mouse und Touchpad. Die Ergebnisse dieser Untersuchungen haben jedoch widersprüchliche Ergebnisse hinsichtlich der überlegenen Leistung dieser Interaktionsmodi geliefert [7–9].

Alle drei Interaktionsformen wurden bereits in anderen Umgebungen ausgiebig untersucht [11–16], aber noch nicht im Kontext der Arbeit in autonomen Fahrzeugen. Daher wurde in unserer Untersuchung damit begonnen, diese drei unterschiedlichen Formen der Interaktion einzeln zu untersuchen.

5.3.1 Gestensteuerung

Schaut man sich bestehende AR-Brillen wie die Holo Lens 2 oder die Apple Vision Pro an, so fällt auf, dass die Gesten recht ähnlich sind (siehe Abb. 5.2 und 5.3 [22]). Die Ergonomie dieser Gesten wurde vor der Veröffentlichung in vielen Entwicklungstests evaluiert und kann daher als führend angenommen werden [20, 21]. Um Flächen auszuwählen, kann man mit dem Zeigefinger drücken oder eine (zuvor mit den Augen oder einem Blick-Cursor fokussierte) Auswahl mit einer Tippgeste bestätigen. Um virtuelle Objekte zu greifen, werden Daumen und Zeigefinger zusammengedrückt und gehalten. Um sich zu bewegen, wird die Hand im Raum bewegt. Zum Zoomen und Drehen halten sie zunächst Daumen und Zeigefinger. Zum Zoomen werden die Hände dann voneinander wegbewegt. Beim Drehen werden die Hände in einer kreisförmigen Bewegung um das Objekt geführt. Alle diese Gesten sind für eine intuitive Bedienung innerhalb des AR-Systems konzipiert. Allerdings spiegeln diese Bewegungen (mit Ausnahme der Bewegung selbst) nicht die natürlichen Bewegungen wider, die wir bei der Interaktion mit realen Objekten ausführen.

Weitere Studien bestätigen diese Gesten mit Ausnahme des Greifens und Drehens [10, 11] bei denen virtuelle 3D-Objekte in den meisten Fällen wie reale Objekte mit der ganzen Hand statt mit der Kombination aus Zeigefinger und Daumen gegriffen und gedreht werden. Da die Literatur über Gesten nicht eindeutig ist und den Kontext von autonomen

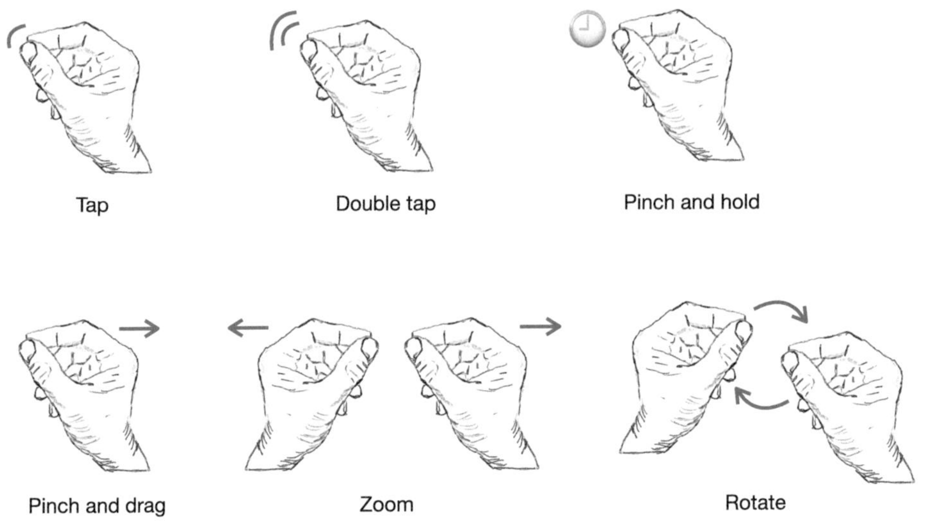

Abb. 5.2 Gesten der Apple Vision Pro (Quelle: MacRumors.com)

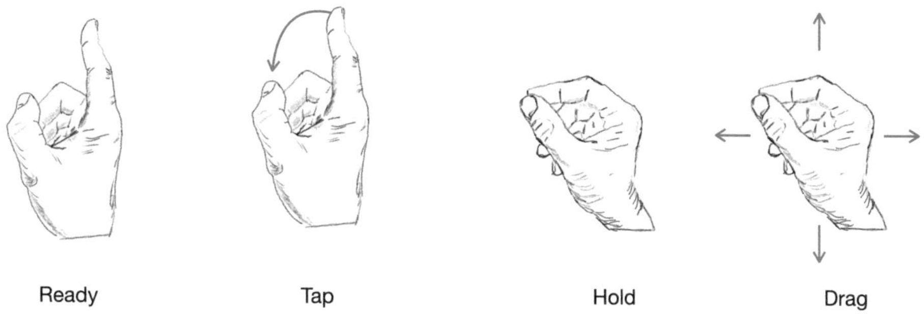

Abb. 5.3 Gesten der Hololens (Quelle: International Journal of Engineering)

Fahrzeugen nicht abdeckt, wurde in dieser Studie eine Kombination verschiedener Gesten ausprobiert, um zu sehen, welche Geste in einem stationären autonomen Fahrzeug am besten funktioniert.

5.3.2 Joystick/Spacemouse

Joysticks werden seit jeher vor allem in Computersimulationen eingesetzt, z. B. in der Flugsimulation. Dort sind feine Bewegungen erforderlich, um das gesteuerte Objekt präzise zu bewegen. Joystick-ähnliche Hardware wurde in der Vergangenheit auch in Autos verwendet, z. B. ein Drehknopf für die Infotainment-Navigation.

Für die Erstellung von 3D-CAD-Modellen verwenden Architekten oder Ingenieure auch spezielle Hardware wie eine 6-DOF-Spacemouse, die es ermöglicht, 3D-Objekte sehr präzise zu bewegen, zu drehen und zu skalieren (siehe Abb. 5.4).

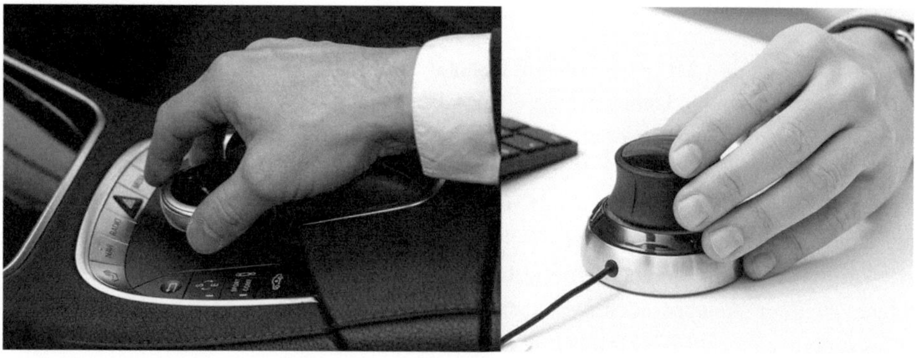

Abb. 5.4 Dreh-Drücksteller und 6DOF Spacemouse

Hardware-gebundene Interaktion bietet den einzigartigen Vorteil der Haptik – der Benutzer hat etwas in der Hand. Es hat sich herausgestellt, dass 3D-Manipulationen mit einer Spacemouse viel effizienter durchgeführt werden können als mit anderen Formen der Interaktion, z. B. einer normalen Maus [7, 8]. Da wir keine Literatur finden konnten, wie sich eine Spacemouse in einem autonomen Fahrzeug verhält, wurde dies in unserer Studie genauer untersucht.

5.3.3 Touchpad/Smartphone

Touchpads sind heutzutage weit verbreitet: Ob in Smartphones, in Autos oder anderen elektronischen Geräten, die Menschen haben sich an Touch-Oberflächen gewöhnt. Die Manipulation von 2D-Inhalten auf einer 2D-Oberfläche ist üblich und funktioniert sehr gut. Die Manipulation von 3D-Objekten stellt jedoch eine Herausforderung für diese Form der Interaktion dar, da jeweils 3 Achsen gedreht, skaliert oder verschoben werden müssen, wobei der 2D-Touch-Oberfläche die dritte Tiefenachse fehlt. Technologische Konzepte zur 3D-Manipulation mit einem Smartphone beinhalten häufig das Drehen und Bewegen des Geräts im freien Raum [23, 24], um die dritte Achse zu erfassen. Ein anderes Konzept verwendet einen Tiefensensor, um die Höhe des Fingers über dem Display zu bestimmen [25], so dass die Tiefenachse abgebildet werden kann. Die Literatur zur Manipulation von 3D-Objekten mit einem Standard-Smartphone auf einer flachen Oberfläche ist jedoch sehr überschaubar. Daher wurde in dieser Studie versucht, die 3D-Manipulation mit einem stationären Smartphone durchzuführen um zu sehen, wie leistungsfähig dies im Vergleich zu den anderen beiden Interaktionsformen ist.

Alle drei Interaktionsformen wurden bereits in anderen Umgebungen ausgiebig untersucht [10–16], aber noch nicht im Kontext der Arbeit in autonomen Fahrzeugen.

5.3.4 Augmented Reality

Augmented Reality (AR) ist bereits ein fester Bestandteil des Arbeitsalltags und der Wertschöpfungskette vieler Unternehmen – zum Beispiel bei der Planung und Konstruktion von Fahrzeugen, Gebäuden oder Maschinen.

AR ist aber auch in vielen Fahrzeugen bereits integraler Bestandteil, meist in Form von Head-up-Displays. Andere Formen wie AR-Brillen werden in diesem Zusammenhang heute noch nicht eingesetzt. Technologische Fortschritte in der Entwicklung von AR-Brillen, die den Tragekomfort erhöhen und die Brillen alltagstauglicher machen, tragen zu ihrer zunehmenden gesellschaftlichen Verbreitung bei [17]. Mit dem „Audi activesphere concept“ [18] zeigt ein namhafter Automobilhersteller, wie eine Zukunft aussehen könnte, in der AR-Brillen in einem Gesamtkonzept zur Steuerung, Informationsdarstellung und -verarbeitung sowie Unterhaltung innerhalb eines autonomen Autos eingesetzt werden. Eine Meta-Analyse von 150 Arbeiten zwischen 2009 und 2020 ergab, dass das wissenschaftliche Interesse an AR in autonomen Fahrzeugen jedes Jahr zunimmt. „Themen wie „Sicherheit und Fahrerassistenz“, „UI-Design“„„Vertrauen und Akzeptanz“ oder „Interaktionsmodalitäten“ wurden häufig behandelt. Arbeiten, die sich mit „Interaktionsmodalitäten“ befassen, verwenden jedoch oft nur AR-Head-up-Displays und keine AR-Brillen [19].

Trotz umfangreicher und sehr differenzierter Forschung zu Interaktionsmodalitäten beim traditionellen Fahren, beim autonomen Fahren im Allgemeinen oder bei Augmented Reality gibt es nur wenige Erkenntnisse darüber, wie Interaktionsformen in autonomen Fahrzeugen gestaltet sein müssen, damit ihre Nutzer effizient mit AR-Brillen in einer 2D- oder 3D-Umgebung arbeiten können.

5.4 Studiendesign und -durchführung

5.4.1 Interaktionsmodalitäten

Auf Grundlage der, im vorangegangenen Kapitel beschriebenen Forschungsarbeiten, wurden die drei Interaktionsmethoden ausgewählt, welche für die Beantwortung unserer Forschungsfragen relevant waren, nämlich ein Touchpad oder einen Touchscreen, eine 3D-Spacemouse und Gestensteuerung.

Das Touchpad wurde ausgewählt, weil es weithin bekannt ist und sehr intuitiv bedient werden kann. Aufgrund seiner großen Vertrautheit werden Interaktionen mit dem Touchpad gut akzeptiert. Daher ist zu erwarten, dass die Integration eines so vertrauten Geräts in autonome Fahrzeuge auf große Begeisterung bei den Nutzern stößt, da es ein Gefühl von Komfort und eine minimale Lernkurve bietet.

Angesichts der Einbindung von 3D-Hologrammen (die AR-Ansicht) in das Display-Konzept, was einen neuartigen Interaktionsansatz erfordert, kristallisierte sich eine Spacemouse mit Joystick-ähnlicher Steuerung als zweite gewählte Interaktionsmodalität heraus. Mit ihren sechs mechanischen Freiheitsgraden (vorwärts/rückwärts, aufwärts/abwärts, links/rechts, gieren, neigen, rollen) ist die Spacemouse vielversprechend, um Inhalte geschickt im dreidimensionalen Raum zu manövrieren.

Als dritte Interaktionsmethode für die Evaluation haben wir uns für die innovative und hardwareunabhängige Gestensteuerung entschieden. Diese Methode, bei der Handgesten im Mittelpunkt stehen, macht physische Berührungs- oder Eingabegeräte überflüssig und ermöglicht eine freihändige Interaktion. Handgesten sind eine angeborene Form der Kommunikation und haben den Vorteil einer universellen Intuitivität über verschiedene Benutzerkontexte und Altersgruppen hinweg. Diese inhärente Vertrautheit vermittelt den Nutzern einen höheren Komfort und eine nahtlose Interaktion. Abgesehen von ihrer intuitiven Natur bieten Handgesten eine Vielzahl von Möglichkeiten für verschiedene

Interaktionen, die von unterschiedlichen Gesten und deren Kombinationen abhängen. Diese Vielseitigkeit steigert das Potenzial für Nutzbarkeit und Kontrolle.

5.4.2 Testumgebung

Um zu bewerten, wie gut diese drei Interaktionsmethoden in einem autonomen Fahrzeugkonzept funktionieren, wurde ein System auf der Grundlage des FlexCAR cyberphysischen Prototypen entwickelt. Dazu gehörten der Mixed-Reality-Simulator mit der Fahrzeugplattform und den Autositzen sowie das virtuelle Shuttle. Darüber hinaus wurde das Varjo XR3 VR-Headset verwendet, um das Fahrzeug und die Inhalte für die Interaktion zu simulieren. Da sich unser Anwendungsfall ausschließlich auf die Interaktion mit den im Fahrzeug selbst angezeigten Inhalten konzentrierte, entschieden wir uns für ein statisches Fahrzeug, bei dem die Benutzer auf einem der auf der Fahrzeugplattform montierten Autositze Platz nehmen und die VR-Brille tragen.

Der Hardwareaufbau und die Ansicht der simulierten VR-Umgebung sind in den folgenden Abb. 5.5 bzw. 5.6 zu sehen

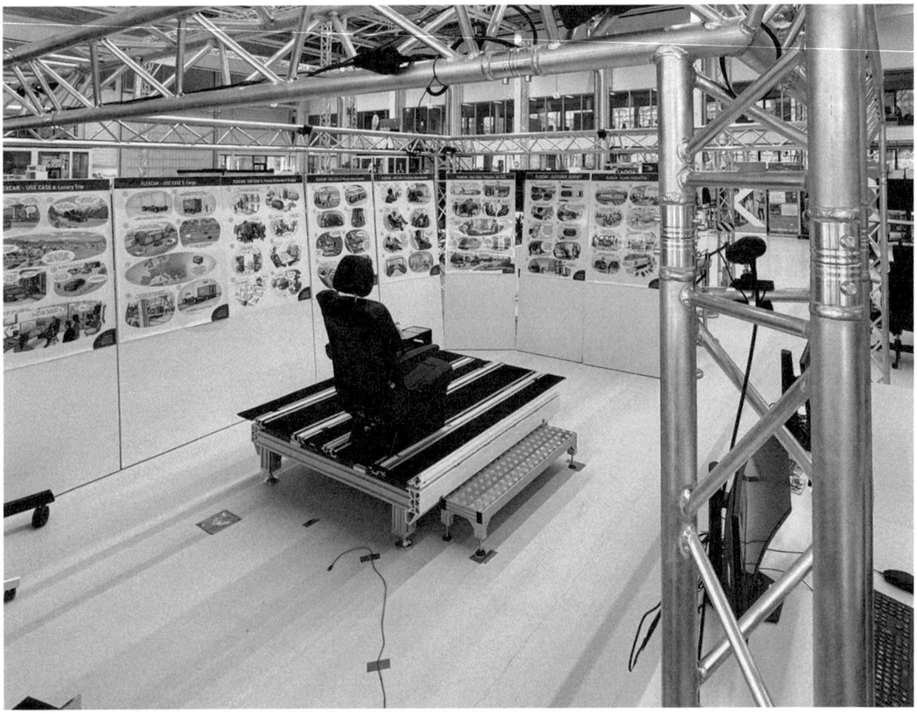

Abb. 5.5 Hardwareaufbau mit Trackern

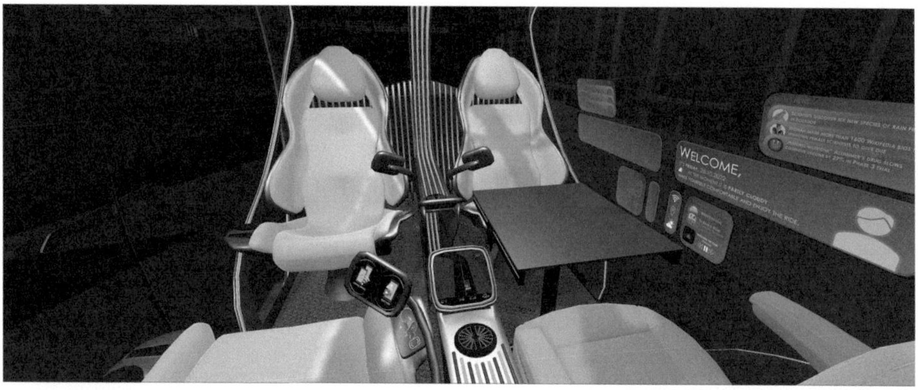

Abb. 5.6 Innenraum VR-Umgebung

Abb. 5.7 Mittelkonsole, vom Entwurf bis zur fertigen Konsole mit zusätzlicher flexibler Abdeckung

Es wurde eine Mittelkonsole entworfen und gebaut, die Einbuchtungen für die Geräte enthält, die für die Interaktion mit dem System benötigt werden, insbesondere für das Touchpad und die Spacemouse (Abb. 5.7). Da die Gestensteuerung nicht von einer Hardware für die Eingabe abhängig ist, war es nicht notwendig, die Mittelkonsole speziell für die Gestensteuerung zu gestalten.

5.4.3 Studiendurchführung

Um ein neuartiges und benutzerfreundliches Interaktionserlebnis für die Fahrgäste autonomer Fahrzeuge zu schaffen, durchlief unsere Studie zwei verschiedene Testphasen. Diese Aufteilung zielte darauf ab, die Bedürfnisse der Fahrgäste effektiv zu erfüllen und gleichzeitig einen innovativen Ansatz zu verfolgen. In der ersten Phase wurde in einer Reihe von umfangreichen Pretests jede gewählte Interaktionsmethode für sich genommen untersucht. Das übergeordnete Ziel war es, die individuellen Stärken und Schwächen der Methoden zu ermitteln und die Akzeptanz der Teilnehmer zu überprüfen.

Aufbauend auf den Erkenntnissen, die wir aus den Rückmeldungen und Bewertungen der Nutzer gewonnen hatten, begannen wir in einer weiteren Phase mit der Synthese der verschiedenen Interaktionskonzepte zu einem einheitlichen System. Dieses fusionierte System nutzt die Vorteile und Stärken der einzelnen Interaktionsmethoden und sorgt so für ein optimales Nutzererlebnis. Dieses System wurde anschließend in einer zweiten Runde Benutzertests unterzogen, mit dem Ziel, die spezifischen Szenarien zu erkennen, in denen die verschiedenen Facetten des integrierten Systems zum Tragen kommen, und seine Tragfähigkeit und Benutzerakzeptanz zu bestätigen.

Das Ziel war dabei, durch iterative Tests, von der Evaluierung einzelner Methoden bis hin zur Verfeinerung und Validierung des integrierten Systems, eine effektive, nahtlose und innovative Interaktionserfahrung im Bereich autonomer Fahrzeuge zu realisieren.

5.4.3.1 Vorstudie

Die Vorversuche wurden mit insgesamt neun Teilnehmern durchgeführt, mit dem übergreifenden Ziel, die optimalen Einsatzparadigmen für bestimmte Kontexte zu erkennen und darüber hinaus plausible und synergetische Kombinationen von Interaktionsformen zu identifizieren. Zunächst beantwortete jeder Teilnehmer umfassende Fragebögen zu seinem Erfahrungsstand und seiner wahrgenommenen Technikaffinität. Um die Technikaffinität der Teilnehmer zu ermitteln, verwendeten wir die Affinity for Technology Interaction Scale (ATI-Skala), einen Fragebogen mit neun Punkten, der dazu dient, die Neigung einer Person zur aktiven Teilnahme an intensiven Technikinteraktionen zu bewerten. Anschließend wurde jeder Teilnehmer individuell mit jedem Interaktionsparadigma konfrontiert.

Vor den Aufgaben wurde den Teilnehmern eine kurze Zeit eingeräumt, um sich mit dem operativen Konzept vertraut zu machen, sowohl im zweidimensionalen (2D) als auch im dreidimensionalen (3D) Kontext. Nach dieser Eingewöhnungsphase wurden die Teilnehmer mit einer kurzen Aufgabe in jedem Kontext betraut. Wichtig ist, dass während der Eingewöhnungsphase keine expliziten Anweisungen zur Nutzung der Interaktionsmethoden gegeben wurden. Stattdessen wurde den Teilnehmern die Autonomie eingeräumt, die Funktionalität jeder Modalität zu erkunden und abzuleiten. Dieser strategische Ansatz hatte einen doppelten Nutzen: Er erleichterte die Bewertung der inhärenten Intuitivität der instanziierten operativen Paradigmen und gab uns gleichzeitig die Möglichkeit, Verbesserungspotenziale zu identifizieren.

Die Quantifizierung der Effektivität und Effizienz jeder Modalität während der zugewiesenen Aufgaben umfasste eine Zeitmessung und eine binäre Klassifizierung der Aufgabenerledigung (Aufgabe erledigt = 1; Aufgabe nicht erledigt = 0). Nach Abschluss der Aufgaben beantwortete jeder Teilnehmer einen Fragebogen zur Benutzererfahrung (UEQ) und den NASA Task Load Index (TLX), um die Benutzererfahrung und den wahrgenommenen Aufwand zu quantifizieren. Da in den Vorversuchen verschiedene Iterationen desselben Produkts getestet wurden, hielten wir uns an die Empfehlung des UEQ-Handbuchs und entschieden uns für die Verwendung der verkürzten 8-Punkte-Version des Fragebogens – den UEQ-S.

Zum Abschluss der Interaktionssequenz mit den einzelnen Modalitäten wurde ein kurzes Interview durchgeführt, um die allgemeine Einstellung der Teilnehmer zu den einzelnen konzeptionellen Rahmenbedingungen zu erfragen. Dieses Interview umfasste Fragen zur Präferenz für bestimmte Interaktionsmodi in unterschiedlichen Kontexten sowie die Abfrage der Präferenzen der Teilnehmer in Form eines Rankings.

Um unerwünschte Verzerrungen in der Reihenfolge zu vermeiden, die sich auf die Ergebnisse der Tests auswirken könnten, wurde die Reihenfolge der Präsentation der Interaktionsmethoden ausgeglichen, d. h. jeder Teilnehmer erhielt eine andere Reihenfolge der Interaktionsmethoden.

Die Erkenntnisse und Rückmeldungen aus den ersten Tests, flossen in den iterativen Designprozess ein und führten zu einer zweiten Iteration. In dieser zweiten Iteration wurden die am positivsten wahrgenommenen Eigenschaften der einzelnen Interaktionsparadigmen zu einem einheitlichen System zusammengefasst. Das Touchpad wurde zugunsten einer Kombination aus Spacemouse und Gestensteuerung zur Manipulation von Inhalten komplett weggelassen. Dieses System gab den Benutzern die Möglichkeit, ihre bevorzugte Art der Interaktion mit den angezeigten Inhalten zu wählen.

Die Funktionalität der Spacemouse blieb weitgehend unverändert, während die Gestensteuerung grundlegend überarbeitet wurde. Die Gesten wurden geändert, um intuitiver zu sein, und es wurden mehrere Variationen von Gesten aufgenommen, damit das System genauer ist. Außerdem wurde der Inhalt aktualisiert, um mehr Variation und Komplexität zu bieten, damit in der Hauptstudie realistischere Szenarien bewertet werden können.

Dieses vereinheitlichte System wurde dann in der Hauptstudie einer zweiten Phase von Benutzertests unterzogen.

5.4.3.2 Hauptstudie

Die Ziele der Hauptstudie bestanden darin, die Wirksamkeit des oben erwähnten einheitlichen Systems bei der Erreichung der definierten Ziele der Benutzer zu bewerten und festzustellen, ob es Situationen gibt, in denen ein einzelnes Interaktionsparadigma einem anderen vorgezogen wird.

Die Hauptstudie wurde mit 20 Teilnehmern durchgeführt, von denen vier auch an den Pretests teilgenommen hatten. Ähnlich wie bei den Pretests beantwortete jeder Proband zunächst Fragebögen zu seinem Erfahrungsstand und seiner wahrgenommenen technischen Affinität, bevor er sich mit dem System beschäftigte. Die Teilnehmer hatten vier bis fünf Minuten Zeit, das System zu erkunden, wobei sie alle Aspekte der einzelnen Interaktionskonzepte gleichzeitig nutzen konnten. Im Gegensatz zu den Pretests erhielten die Teilnehmer eine Einführung in die Bedienung des Systems. So wurde sichergestellt, dass jeder Teilnehmer ein identisches Verständnis des Systems und seiner Möglichkeiten hatte, bevor ihm eine Aufgabe gestellt wurde. Die anschließende Aufgabe umfasste die Manipulation und Navigation von Inhalten sowohl in zweidimensionalen (2D) als auch in dreidimensionalen (3D) Bereichen. Aufgrund des eher qualitativen Charakters der Hauptstudie im Vergleich zur Vorstudie waren die Aufgaben nicht zeitlich begrenzt. Stattdessen baten wir die Teilnehmer, die Methode des lauten Denkens (Think Aloud) anzuwenden, bei der die Benutzer ihre Gedanken und Gefühle gegenüber dem System an uns weitergaben.

Nach Abschluss der Aufgabe füllten die Teilnehmer erneut die Fragebögen UEQ-S und NASA TLX aus, um ihr Erfahrungsfeedback und die wahrgenommene Aufgabenbelastung zu erfassen.

5.4.4 Einschränkungen der Studie

Bevor wir uns mit den Einzelheiten der Studienergebnisse befassen, sind einige Einschränkungen zu beachten.

Laut dem von jedem Teilnehmer beantworteten ATI-Fragebogen weisen die Probanden mit einem Durchschnittswert von 4,66 von 6 eine sehr hohe Technikaffinität auf. Der Grund dafür ist, dass viele der Teilnehmer Studenten waren oder in einem technischen Bereich gearbeitet haben. Es kann davon ausgegangen werden, dass dies maßgeblich dazu beigetragen hat, dass sich die Probanden schnell und einfach in das technische System und dessen Bedienung einfinden konnten.

Außerdem wurden die Interaktionen in einer unbewegten Umgebung getestet. In einem fahrenden Auto können äußere Einflüsse wie g-Kräfte und Vibrationen, die durch das Fahrzeug beim Abbiegen oder die Fahrbahnbeschaffenheit verursacht werden, die Effektivität, Effizienz und Präzision der Interaktion stark beeinträchtigen. Diese äußeren Einflüsse wurden in unserer Studie nicht berücksichtigt.

Was die Hardware betrifft, so wurde das Varjo XR3 VR-Headset verwendet, um die Umgebung zu simulieren. Dieses spezielle Gerät verfügt über zwei Infrarotkameras an der Vorderseite des Headsets, die zur Erkennung der Handpositionen und -bewegungen des Benutzers verwendet werden. Damit dies jedoch zuverlässig funktioniert, müssen sich die Hände des Benutzers jederzeit im Sichtfeld der Kameras befinden. Diese technische Einschränkung führt dazu, dass die Benutzer ihre Ellbogen oft nicht auf den Armlehnen des Sitzes halten können, was wiederum zu einer höheren körperlichen Belastung führt, die sich negativ auf die Akzeptanz und das gesamte Benutzererlebnis auswirken kann.

Vor dem Hintergrund der skizzierten Einschränkungen werden in den folgenden Kapiteln die Ergebnisse der Vorstudie und der Hauptstudie sowie deren Implikationen kurz zusammengefasst.

5.5 Diskussion der Studienergebnisse

Die Ergebnisse der Vorstudie zeigen, dass die Spacemouse die Gestensteuerung in Bezug auf die Effizienz deutlich übertrifft, während das Touchpad am schlechtesten abschneidet. Daher kann H1 nur teilweise bestätigt werden. H2 wurde verworfen, da die Gestensteuerung nicht effizienter ist und für 3D-Interaktionen eher bevorzugt wird als die Spacemouse. Abgesehen von der mangelnden Effizienz führte das fehlende visuelle Feedback für Gesten dazu, dass die Benutzer diese nicht zuverlässig ausführen konnten oder sogar falsche Gesten lernten. H3 wurde bestätigt, da die Gestensteuerung im Vergleich zu den anderen Interaktionsmethoden eine hohe körperliche Belastung und Anstrengung erforderte. Da die Spacemouse in 3D-Projektionen besser abschnitt als das Touchpad, konnte H4 nicht bestätigt werden. Allerdings war das Erlernen der Gesten für die Probanden eine Herausforderung. Die meisten Benutzer versuchten, das 3D-Objekt mit beiden Händen zu greifen und gleichzeitig die Skalierung und Drehung zu manipulieren. Diese Gesten wurden als Benutzerpräferenzen identifiziert.

Es kann nur vermutet werden, dass die Einschränkung der Achse für die Spacemouse einen positiven Effekt auf die Aufgabenerfüllung hatte. Es gab jedoch keinen Vergleich, um diese Theorie zu stützen. Gegebenenfalls sollte sich der eingeschränkte Modus für das Touchpad anders verhalten als der freie Modus, um die Bewegungen zu erleichtern.

Die Spacemouse und die Gestensteuerung wurden in die weitere Untersuchung einbezogen, während das Touchpad ausgeschlossen wurde, da die Leistung des Touchpads in 3D-Szenarien nicht ausreichend und die Frustration der Probanden insgesamt zu hoch war. Während die 3D-Spacemouse aufgrund der überragenden Testergebnisse ausgewählt wurde, wurde die Gestensteuerung trotz der mangelnden Zuverlässigkeit und Benutzerfreundlichkeit und der daraus resultierenden Frustration, die vor allem durch eine suboptimale Umsetzung verursacht wurde, als zweite Methode gewählt. Neben der hohen pragmatischen Qualität gab es Hinweise darauf, dass das volle Potenzial der Gestensteuerung für die 3D-Performance nicht ausgeschöpft wurde. In der zweiten Iteration des Konzepts war das Ziel, Spacemouse und Gestensteuerung für weitere Untersuchungen zu verbessern. Leider erlaubte der begrenzte Zeitrahmen für die Entwicklung nicht die Implementierung eines zusätzlichen Feedback-Mechanismus.

Die Ergebnisse der Hauptstudie zeigen, dass die Gewöhnung an die Gestensteuerung im Durchschnitt länger dauert als bei der Spacemouse. Trotz der Einführungsphase zu Beginn der Erkundung der 2D- und 3D-Szenarien benötigten die Teilnehmer im Vergleich zu den Bewegungen der 3D-Maus mehr Zeit, um sich an die Gesten zu gewöhnen und sich diese zu merken. Dies lässt sich zum Teil mit der Erlernbarkeit von VR-Gesten erklären [26]. Die VR-Richtlinien verschiedener Softwareanbieter besagen, dass die Implementierung von Gesten, die reale Bewegungen oder Interaktionen widerspiegeln, wie z. B. das Greifen eines Objekts, wenn es in Reichweite ist, künstlichen oder willkürlichen Gesten vorzuziehen sind. Sie gehen davon aus, dass die Erlernbarkeit von

Gesten dadurch erhöht wird. Studien deuten auch darauf hin, dass Gesten, die den Nutzern intuitiv erscheinen, bei der Gestensteuerung besser funktionieren [27]. Ein weiterer Aspekt ist die Vertrautheit der Teilnehmer mit der Gestensteuerung im Vergleich zu ihrer Vertrautheit mit joystickähnlichen Interaktionsformen (z. B. für Spiele).

Die Spacemouse wird für Aufgaben, die Präzision erfordern, bevorzugt, weshalb H5 bestätigt werden kann. Die Gestensteuerung bietet keine perfekte Zuverlässigkeit, die Nutzer bevorzugen für die meisten Interaktionen die Spacemouse. Dementsprechend muss H6 abgelehnt werden. Eine kombinierte Interaktionsmethode führt zu einem geringeren Frustrationsniveau. Folgerichtig wurde H7 verworfen. H8 konnte widerlegt werden, da die meisten Nutzer eine kombinierte Form von Gesten und Spacemouse verwenden. Beide Interaktionsformen weisen Defizite auf und das könnte der Grund dafür sein, dass bestimmte Aktionen entweder mit der einen oder mit der anderen Methode durchgeführt wurden.

In mehreren Tests wechselten die Probanden zu Gesten, wenn sie eine Aufgabe schnell erledigen wollten. Die höhere Empfindlichkeit der Gestensteuerung ermöglicht schnelle Bewegungen der 2D- und 3D-Modelle. Ein Testnutzer, der sowohl bei der Vorstudie als auch bei der Hauptstudie anwesend war, erwähnte die deutlichen Verbesserungen. Das zeigt, dass viele der Defizite der Gestensteuerung tatsächlich auf die Implementierung zurückzuführen waren.

Einige Benutzer nutzten die Spacemouse für präzise Bewegungen, da sie im Vergleich zur Gestensteuerung weniger empfindlich war. Es gibt auch Hinweise darauf, dass die Gesten manchmal nicht richtig erkannt wurden und eine präzise Navigation schwierig war.

Eine mögliche Ermüdung durch weitreichende oder sogar kurzreichweitige Gesten ist ein weiterer negativer Aspekt der Gestensteuerung [28]. Es ist wichtig, die technologischen Einschränkungen der VARJO XR-3 zu erkennen, die keine Handverfolgung in den peripheren Bereichen der Frontkameras zulassen [29]. Folglich muss der Benutzer seine Hände anheben, um korrekt erfasst zu werden, was die körperliche Anstrengung noch erhöht.

Obwohl die meisten Nutzer angaben, dass die Spacemouse einfacher zu bedienen war, entschieden sich alle Nutzer für den Einsatz von Gesten während der Aufgabe. Diese Beobachtung könnte darauf zurückzuführen sein, dass die Nutzer neugierig auf die neue Technologie waren und sie einfach ausprobieren wollten. Andererseits ist es möglich, dass sich die Stärken der beiden Interaktionsmethoden gegenseitig ergänzen. Diese Theorie wird durch das Feedback der Benutzer und die Ergebnisse des UEQ- und des Nasa TLX-Fragebogens gestützt.

Die Probanden gaben auch an, dass es ihnen mehr Spaß macht, ihre Hände zu benutzen als die 3D-Maus. Dies deutet darauf hin, dass auch hedonische Aspekte für die Interaktionspräferenzen der Benutzer wichtig sein könnten. Unklar ist, in welchen Kontexten diese hedonischen Aspekte relevant sind. Abgesehen von diesem Aspekt zeigte ein Vergleich zwischen multimodalen Steuerungssystemen unter Verwendung von Blicken und

Fingergesten eine höhere Intuitivität als die Maussteuerung für die 3D-CAD-Manipulation [30].

Es ist möglich, dass die Integration von Feedback-Mechanismen für die Gestensteuerung deren Erlernbarkeit und Leistung verbessern würde. Auch spielt es eine Rolle, welche Gesten gewählt werden [31].

Hinsichtlich der hohen Attraktivität der Gestensteuerung ist es möglich, dass sie abnimmt, wenn die Interaktionsform für die Nutzer nicht mehr neu ist. Bei einer häufig und professionell genutzten Benutzerschnittstelle überwiegen Zuverlässigkeit und Präzision gegenüber Attraktivität und Neuartigkeit, da die Leistung von entscheidender Bedeutung ist.

5.5.1 Zusammenfassung

Zusammenfassend lässt sich sagen, dass ein einheitliches System aus Handgestensteuerung und einem Joystick-ähnlichen Hardware-Gerät wie der 3D-Spacemouse praktikabel ist und von den Nutzern im Bereich der autonomen Fahrzeuge akzeptiert wird. Die Spacemouse ist besonders vorteilhaft, wenn der Benutzer Aufgaben ausführen muss, die Präzision erfordern, wie das langsame Zoomen in einen bestimmten Bereich oder das Klicken auf eine kleine Schaltfläche, während Handgesten Vorteile bieten, wenn es um Aufgaben geht, bei denen Präzision keine Priorität hat und Geschwindigkeit wichtiger ist – zum Beispiel beim Scrollen großer Listen oder Websites.

Ein System, bei dem der Benutzer eine Interaktionsmodalität wählen kann, ist sinnvoll, da jeder Benutzer seine eigene individuelle Präferenz hat, welche Methode für ihn in welchen Situationen am besten funktioniert. Das Interaktionssystem sollte in dieser Hinsicht frei sein und die Interaktionsmöglichkeiten sollten nicht eingeschränkt werden (z. B. Spacemouse nur im 2D-Kontext, Gestensteuerung nur im 3D-Kontext). Darüber hinaus sollte eine haptische Option immer eine Möglichkeit sein, auf die der Nutzer zurückgreifen kann, insbesondere wenn es um Barrierefreiheit und Inklusion geht.

Diese Studie lässt auch die Tür für zukünftige Arbeiten und Forschungen offen, um potenzielle Probleme und Fragen, die unsere Forschung aufgedeckt hat, anzugehen. Um die Benutzererfahrung zu verbessern, kann die Gestensteuerung kontinuierlich verbessert werden, insbesondere im Hinblick auf die Präzision. Darüber hinaus sollte ein visuelles Feedback für Handgesten implementiert werden, um die Lernkurve zu verkürzen.

Rückblickend auf die Grenzen dieser Studie könnte ein Testaufbau, der äußere Einflüsse wie z. B. g-Kräfte und Fahrzeugvibrationen berücksichtigt, die Funktionsfähigkeit des entwickelten Systems möglicherweise erheblich verändern.

In unserer Hauptstudie bevorzugten viele Nutzer die Gestensteuerung, auch wenn sie anmerkten, dass sie nicht so zuverlässig wie die Spacemouse sei. Dies könnte auf die Neuartigkeit der Interaktionsform zurückzuführen sein. Wenn diese Annahme zutrifft, muss untersucht werden, ob sich diese Neuheit nach längerer Nutzung abnutzt. Wenn die Benutzer die Verwendung der Gestensteuerung ablehnen, nachdem sie sich an sie gewöhnt haben und es eine zuverlässigere Alternative gibt, muss geprüft werden, ob die Gestensteuerung überhaupt eine brauchbare Interaktionsform ist.

5.6 Ausblick

Die hier vorgestellte Beispielstudie zeigt das große Potenzial von eXtended Reality (XR) Simulationsumgebungen für die Produktentwicklung von interaktiven Systemen im Allgemeinen und von Interaktionskonzepten im autonomen Fahren im Speziellen. Die Erfahrung mit den Studien – wie der hier dargestellten – welche im Rahmen von FlexCAR unter Verwendung des cyberphysischen Prototypen durchgeführt wurden, zeigen, dass die Entwicklung von Fahrzeug- und Mobilitätskonzepten in einer Mixed Reality Umgebung unter Verwendung eines iterativen, agilen Entwicklungsprozesses (wie dem Human-Centred-Design Prozess) schneller, qualitativ hochwertiger und vor allem kostengünstiger möglich ist. Eine immersive Umgebung, welche durch Technologien wie Virtual Reality und Augmented Reality in Kombination mit realen Objekten, relativ einfach, schnell und kostengünstig hergestellt werden kann (Stichwort: Rapid Prototyping), ermöglicht zudem eine schnelle Entwicklung neuer Interaktionskonzepte basierend auf unterschiedlichen Modalitäten. Hardware-Prototypen, die in schnellen Produktionsverfahren, wie z. B. der additiven Produktion, oder mittels einfachster Mittel, wie z. B. in Holzbauweise hergestellt werden, können durch digitale Technologien zum Leben erweckt und sehr vielfältig in Benutzertests eingesetzt werden.

Für den Nutzer kann somit in einer sehr frühen Phase des Produktzyklus eine relativ realitätsnahe Umgebung geschaffen werden, die eine qualitativ hochwertige Evaluation mit relevanten Ergebnissen ermöglicht. Diese ist sehr wichtig, um die Produktentwicklung in die richtige Richtung zu lenken und unnötige Investitionen und Fehlentwicklungen frühzeitig zu vermeiden. Frühe Fehlererkennung ermöglicht es, Produkte schneller auf den Markt zu bringen. Produkte, die frühzeitig auf Kundenbedürfnisse reagieren und ihre Erwartungen erfüllen, haben tendenziell eine höhere Erfolgsrate. Verzögerungen aufgrund von Fehlern können zu Marktverlusten und verpassten Chancen führen. Der Vergleich von traditionellen Modellen, wie dem V-Modell mit agilen Entwicklungsmethoden zeigt oft, dass agile Ansätze, die auf frühe Rückmeldungen und kontinuierliche Verbesserungen setzen, dazu neigen, kosteneffizienter zu sein. Wasserfallmodelle neigen dazu, Fehler erst in späteren Phasen zu identifizieren, was zu höheren Korrekturkosten führt.

Fehler, die in den frühen Phasen des Entwicklungszyklus gefunden werden, sind oft erheblich kostengünstiger zu beheben als solche, die erst in späteren Phasen oder sogar erst nach der Veröffentlichung entdeckt werden. Dies liegt daran, dass die Identifizierung und Korrektur von Fehlern in späteren Stadien mit zusätzlichen Test- und Entwicklungsressourcen verbunden ist.

Das Capability Maturity Model Integration (CMMI) und andere Best Practices in der Softwareentwicklung betonen die Bedeutung von Qualitätssicherung und Fehlervermeidung in frühen Entwicklungsphasen, um die Gesamtkosten zu reduzieren.

Diese Prinzipien gelten genauso in der Entwicklung von autonomen Fahrzeugen.

Ein weiterer Aspekt ist aber nicht zu vernachlässigen: Zahlreiche Studien im Bereich der Technologieakzeptanz, wie das Technology Acceptance Model (TAM) und das Unified Theory of Acceptance and Use of Technology (UTAUT), betonen die zentrale Rolle von Vertrauen in Bezug auf die Annahme neuer Technologien. Wenn Nutzer Vertrauen in eine Technologie haben, sind sie eher bereit, diese zu akzeptieren und zu nutzen.

Da es sich beim autonomen Fahren um eine neue Technologie handelt, ist gerade in diesem Bereich eine ausgiebige Evaluation im Vorfeld von zentraler Bedeutung, um das Vertrauen der Nutzer nicht zu verspielen. Hier können XR-Technologien einen entscheidenden Vorteil bieten.

Neue AR-Brillen, wie die VisionPro von Apple, aber auch schon die Quest3 von Meta können hier sicherlich sehr helfen, die Immersivität bei Studien zu erhöhen und damit eine noch realistischere Kontextdarstellung zu ermöglichen. Allerdings gibt es nicht nur im Bereich der Brillen, sondern auch im Bereich weiterer Sensorik und Aktorik viel Entwicklungs- und Forschungspotenzial. Ein Beispiel sind haptische Interface, wie z. B. von Ultraleap[2] oder Sensorik zur Körperdatenerfassung. Nicht zu vergessen Künstliche Intelligenz, die in verschiedensten Bereichen zum Einsatz kommen kann.

Ein wichtiger Aspekt konnte mit dem cyberphysischen Prototypen in FlexCAR nicht umgesetzt werden: Benutzertests im fahrenden Fahrzeug. Aspekte, wie Vibration, Beschleunigung und andere haben sicherlich einen großen Einfluss auf die Bedienkonzepte im autonomen Fahrzeug.

Hier gibt es also auch noch viele offene Fragestellungen für die zukünftige Forschung.

Literatur

1. Schneider, Tobias, et al. "Increasing the User Experience in Autonomous Driving through different Feedback Modalities." 26th International Conference on Intelligent User Interfaces. 2021.
2. Schneider, Tobias, et al. "Explain yourself! transparency for positive ux in autonomous driving." Proceedings of the 2021 CHI Conference on Human Factors in Computing Systems. 2021.
3. Schneider, Tobias, et al. "Velocity Styles for Autonomous Vehicles affecting Control, Safety, and User Experience." Symposium on Spatial User Interaction. 2021.
4. Tscharn R., Latoschik M. E., Löffler D., Hurtienne J. "Stop over there": Natural gesture and speech interaction for non-critical spontaneous intervention in autonomous driving. Glasgow, Scotland, Association for Computing Machinery, Inc., 2017.
5. Schneider, T. et al., 2023. Don't fail me! The Level 5 Autonomous Driving Information Dilemma regarding Transparency and User Experience. Sydney, Australia, Association for Computing Machinery, Inc.

[2] https://www.ultraleap.com/haptics/, abgerufen am 24.11.2023.

6. ISO, I. 1. 2019. ISO 9241-210:2019 Ergonomics of human-system interaction Part 210: Human-centred design for interactive systems, s.l.: International Standards Organisation.
7. Jiang, H., Wachs J., Pendergast, M., and Duerstock, B. S. 3D joystick for robotic arm control by individuals with high level spinal cord injuries. Seattle, USA, IEEE, 2013.
8. Balakrishnan, R., Baudel, T., Kurtenbach, and Fitzmaurice, F. The Rockin'Nlouse: Integral 3D Manipulation on a Plane. Atlanta, USA, Association of Computing Machinery, 2013.
9. Werkhoven, P. J., and Groen, J. Manipulation Performance in Interactive Virtual Environments. 40, 3 (9 1998), 432–442. https://doi.org/10.1518/001872098779591322.
10. Piumsomboon, T., Clark, A., Billinghurst, M., and Cockburn, A. User-defined gestures for augmented reality. In Lecture Notes in Computer Science (including subseries Lecture Notes in Artificial Intelligence and Lecture Notes in Bioinformatics) (2013), vol. 8118 LNCS, pp. 282–299.
11. Buchmann, V., Violich, S., Billinghurst, M., and Cockburn, A. FingARtips. Association for Computing Machinery (ACM), pp. 212–221.
12. Billinghurst, M., Piumsomboon, T., and Bai, H. Hands in space: Gesture interaction with augmented-reality interfaces. IEEE Computer Graphics and Applications 34, 1 (2014), 77–81.
13. Satriadi, K. A., Ens, B., Cordeil, M., Czauderna, T., Willett, W., and ll, B. J. Augmented Reality Map Navigation with Freehand Gestures. Tech. rep.
14. Perelman, G., Serrano, M., Raynal, M., Picard, C., Derras, M., and Dubois, E. The roly-poly mouse: Designing a rolling input device unifying 2d and 3D interaction. In Conference on Human Factors in Computing Systems – Proceedings (4 2015), vol. 2015-April, Association for Computing Machinery, pp. 327–336.
15. Katzakis, N., Kiyokawa, K., Hori, M., and Takemura, H. Plane-Casting: 3D Cursor Control with a SmartPhone.
16. Mendes, D., Caputo, F. M., Giachetti, A., Ferreira, A., and Jorge, J. A Survey on 3D Virtual Object Manipulation: From the Desktop to Immersive Virtual Environments. Computer Graphics Forum 38, 1 (2 2019), 21–45.
17. Tenzer, F. Prognose zum Absatz von Virtual-Reality- und Augmented-Reality-Brillen weltweit von 2020 bis 2027. Tech. rep., statista.com, 4 2023.
18. Audi. The next sphere of future premium mobility | The Audi activesphere concept, 2 2023. https://www.audi-mediacenter.com/en/press-releases/the-audi-activesphere-concept-15161, abgerufen am 24.11.2023.
19. Riegler, A., Riener, A., and Holzmann, C. A Systematic Review of Virtual Reality Applications for Automated Driving: 2009–2020. Frontiers in Human Dynamics 3 (8 2021), 689856.
20. Pinch Dave et al. (Microsoft). HoloLens 2 gestures for authoring and navigating in Dynamics 365 Guides, 2021, https://learn.microsoft.com/en-us/dynamics365/mixed-reality/guides/authoring-gestures-hl2, abgerufen am 27.11.2023.
21. These Gestures Are How You Control Apple Vision Pro – MacRumors, 2023. https://www.macrumors.com/2023/06/08/apple-vision-pro-gestures, abgerufen am 24.11.2023.
22. Tang Y, Au K, Leung Y. Comprehending products with mixed reality: Geometric relationships and creativity. International Journal of Engineering Business Management. 2018;10. https://doi.org/10.1177/1847979018809599.
23. Tseng, P. H., Hung, S. H., Chiang, P. Y., Yao, C. Y., and Chu, H. K. EZ-Manipulator: Designing a mobile, fast, and ambiguity-free 3D manipulation interface using smartphones. Computational Visual Media 4, 2 (6 2018), 139–147.
24. Grandi, J. G., Berndt, I., Debarba, H. G., Nedel, L., and Maciel, A. Collaborative 3D manipulation using mobile phones. 2016 IEEE Symposium on 3D User Interfaces, 3DUI 2016 – Proceedings (4 2016), 279–280.

25. Shahzad Malik and Joe Laszlo. 2004. Visual touchpad: a two-handed gestural input device. In Proceedings of the 6th international conference on Multimodal interfaces (ICMI '04). Association for Computing Machinery, New York, NY, USA, 289–296. https://doi.org/10.1145/1027933.1027980.
26. Ultraleap. XR Design Principles – Ultraleap documentation, 2023. https://docs.ultraleap.com/xr-guidelines/Getting%20started/design-principles.html, abgerufen am 24.11.2023.
27. Thakur, A., and Rai, R. User Study of Hand Gestures for Gesture Based 3D CAD Modeling. Proceedings of the ASME Design Engineering Technical Conference 1B-2015 (1 2016).
28. Hansberger, J. T., Peng, C., Mathis, S. L., Areyur Shanthakumar, V., Meacham, S. C., Cao, L., and Blakely, V. R. Dispelling the gorilla arm syndrome: The viability of prolonged gesture interactions. Lecture Notes in Computer Science (including subseries Lecture Notes in Artificial Intelligence and Lecture Notes in Bioinformatics) 10280 (2017), 505–520.
29. VARJO. Hand Tracking | Varjo for developers, 2023. https://developer.varjo.com/docs/get-started/hand-tracking, abgerufen am 24.11.2023.
30. Song, J., Cho, S., Baek, S. Y., Lee, K., and Bang, H. GaFinC: Gaze and Finger Control interface for 3D model manipulation in CAD application. Computer-Aided Design 46, 1 (1 2014), 239–245, Elsevier.
31. Delamare, W., Janssoone, T., Coutrix, C., and Nigay, L. Designing 3D gesture guidance: Visual feedback and feedforward design options. Proceedings of the Workshop on Advanced Visual Interfaces AVI 07-10-June-2016 (6 2016), 152–159.

6 Neue Profilstrukturen für das FlexCAR-Chassis

Florian Hermann, Oliver Quirin, Mauritz Möller und Jochen Wiedemann

Hinweis

Dieses Forschungs- und Entwicklungsprojekt wurde mit Mitteln des Bundesministeriums für Bildung und Forschung (BMBF) im Rahmen des Forschungscampus ARENA2036 (Verbundprojekt FlexCAR, Förderkennzeichen 2P18Q643) gefördert und vom Projektträger Karlsruhe (PTKA-PFT) betreut. Der Bericht stellt die Ergebnisse aus dem Verbundprojekt vor. Die Verantwortung für den Inhalt dieser Veröffentlichung liegt bei den Autoren.

F. Hermann (✉) · O. Quirin · M. Möller
Business Development Mobility, TRUMPF Laser- und Systemtechnik SE, Ditzingen, Deutschland
E-Mail: Florian.Hermann@gsame.uni-stuttgart.de

O. Quirin
E-Mail: Oliver.Quirin@trumpf.com

M. Möller
E-Mail: Mauritz.Moeller@trumpf.com

J. Wiedemann
Automotive Structures and Industry, Constellium Singen GmbH, Singen, Deutschland
E-Mail: Jochen.Wiedemann@constellium.com

F. Hermann
Graduate School of Excellence advanced Manufacturing Engineering GSaME, Universität Stuttgart, Stuttgart, Deutschland

A. Gerlicher und M. Lahres (Hrsg.), *FlexCAR,* ARENA2036,
https://doi.org/10.1007/978-3-662-69750-4_6

6.1 Motivation

Im Kontext des FlexCAR-Projekts offenbart das entwickelte Rolling Chassis eine wegweisende Perspektive als mobile, aufrüstbare und modulare Fahrzeugplattform, deren Antrieb sowohl auf rein elektrischer Basis als auch mithilfe von Brennstoffzellen realisierbar ist. Der gegenwärtige FlexCAR-Prototyp manifestiert einen hoch integrativen Konzeptansatz, der in einem weiteren Entwicklungsschritt durch flexible Produktionskonzepte auf individuelle Anforderungen reagieren kann. Ein Schwerpunkt liegt hierbei auf der fortschreitenden Evolution des Energiespeichermoduls (Energiemodul), das die grundlegende Antriebsarchitekturstruktur für das Hochvoltspeichersystem oder die Brennstoffzelle mit Wasserstoff-Tanks abbildet.

Innerhalb dieses Entwicklungsprozesses werden neuartige Anforderungen berücksichtigt, die sich aus dem tiefgreifenden strukturellen Wandel in der Automobilindustrie ableiten. Dieser Wandel zeichnet sich durch eine Transformation hin zu nachhaltiger, elektrischer Mobilität sowie durch verkürzte Entwicklungs- und Produktlebenszyklen aus. Die entstehenden Strukturen werden mit dem primären Ziel konzipiert, eine optimale Gewichtsreduktion zu realisieren, dabei eine gute Rezyklierbarkeit zu gewährleisten und eine flexible Anpassungsfähigkeit an sich wandelnde Bedürfnisse zu ermöglichen. Dieser gestalterische Ansatz nimmt gezielt die neuartigen Herausforderungen in den Blick, indem er auf Innovation, Nachhaltigkeit und Anpassungsfähigkeit fokussiert, um somit die Zukunft der Fahrzeugtechnologie maßgeblich mitzugestalten.

Dieses Kapitel wirft einen Blick auf die bisherigen Errungenschaften im Rahmen des FlexCAR-Projekts und skizziert mögliche Zukunftsperspektiven sowie weiterführende Untersuchungen.

6.2 Konzeptentwicklung und Voruntersuchungen

6.2.1 Voruntersuchung modularer Energiemodul-Konzepte

Im Rahmen des fortgeschrittenen Entwicklungsstadiums des FlexCAR-Projektes liegt der Fokus der Constellium Singen GmbH auf der Konzeption von Strukturkomponenten basierend auf Strangpressprofilen der 6000er Aluminiumfamilie. Ein primäres Untersuchungsobjekt stellt das seitliche Schwellerprofil des Energiemoduls dar, welches nicht nur strukturelle Eigenschaften, sondern auch diverse Schutzanforderungen für die im Modul integrierten Energiespeichersysteme im Crashfall erfüllt. Die modulare Grundstruktur des FlexCAR-Chassis erfordert dabei spezielle Konzeptansätze, um flexibel auf unterschiedliche Einsatzszenarien des Chassis reagieren zu können, sowohl im kommerziellen als auch im nachhaltigen und funktionalen Sinne.

In einer frühen Projektphase wurde für grundsätzliche Untersuchungen unterschiedlichster Themengebiete ein Rolling Chassis physisch realisiert. Dieses Konzept repräsentiert einen hochgradig integrativen Ansatz, bei dem maximale Funktionsintegration mit hoher Komplexität einhergeht, was jedoch zu einer verringerten Produktivität in der Fertigung führt. Dies resultiert aus einem verlangsamten Extrusionsprozess und damit zu einer Kostensteigerung der Profile. Je nach Legierung bestehen zudem geometrische Einschränkungen, da beispielsweise hochfeste Aluminiumlegierungen aufgrund eines erhöhten Anteils an Legierungselementen nur begrenzte Fließeigenschaften aufweisen. Zudem sind zur Fügung der Einzelbauteile sehr zeitintensive mechanische Bearbeitungen notwendig.

Das Ziel dieser Voruntersuchung liegt in der Entwicklung eines hochmodularen Ansatzes des Energiemoduls, der eine größere Anzahl einfach zu extrudierender Profile kombiniert. Abb. 6.1 veranschaulicht exemplarisch drei Schwellerkonzepte durch die Kombination vereinfachter Profilgeometrien mit unterschiedlichsten Fügetechnologien. Diese Strangpressprofile sind je nach Antriebsarchitektur oder Energiespeichersystem situativ einsetzbar. Aus wirtschaftlicher Perspektive werden dabei nicht nur die Produktivität der Extrusion selbst, sondern auch erforderliche Fügeprozesse sowie notwendige Investitionen berücksichtigt.

Aus funktionaler Sicht steht ein seitlicher Pfahlcrash im Mittelpunkt, der maßgebend aktuelle Batteriespeichersystemkonzepte beeinflusst. Dabei wird generell zwischen voll-, semi- und nicht-strukturellen Ausführungen unterschieden. Die Tatsache, dass das Energiemodul des FlexCAR-Chassis rein struktureller Natur ist und daher den Hauptteil der Energieabsorption bewältigen muss, führt zu folgendem „worst-case“ Auslegungs-Crash-Lastfall. Eine ideal starre Pfahlbarriere (Ø 180 mm) kollidiert lateral (32 km/h) mit dem Rolling Chassis. Ein anvisiertes Intrusions-Kraftniveau (>120 kN) sowie die Reduktion des Intrusionswegs in das Energiespeichersystem stellen die Hauptanforderungen dar,

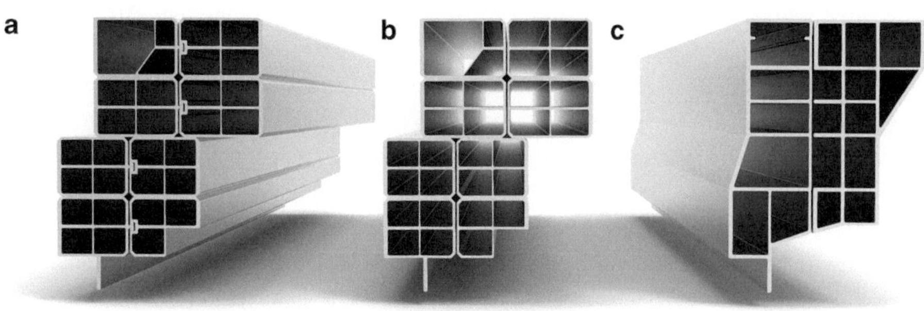

Abb. 6.1 Schwellerkonzepte: (a) mehrteilig formschlüssig; (b) mehrteilig geschweißt; (c) zweiteilig geschweißt

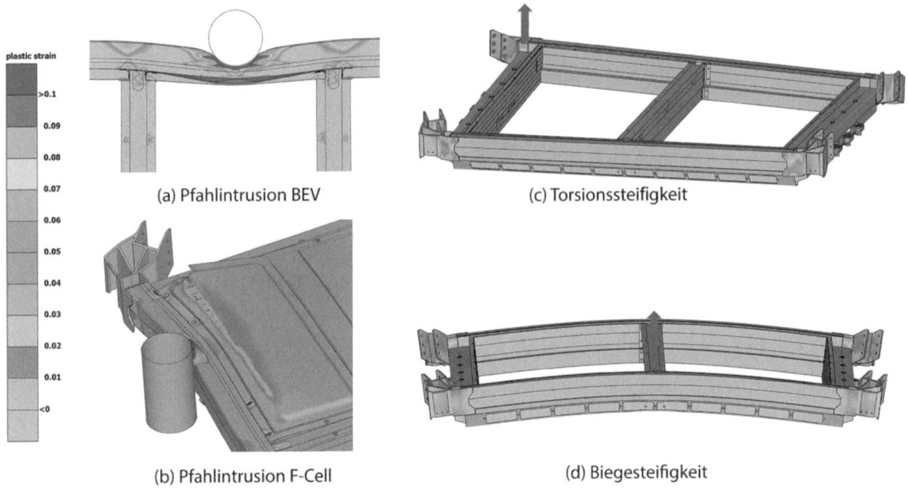

Abb. 6.2 Darstellung Simulation seitlicher Pfahlcrash (a) BEV, (b) F-Cell sowie (c) Torsions- und (d) Biegesteifigkeit

um im Crashfall die Energiespeicher zu schützen. Hierfür ist ein Kompromiss aus Steifigkeit des Schwellerprofils und dessen Deformationskinematik notwendig, sodass die Eindringung der Schweller-Innenseite in das Energiemodul minimiert wird.

Abb. 6.2 zeigt demonstrativ FEM-Berechnungen zur Ertüchtigung des seitlichen Schwellerkonzepts anhand eines detailliert modellierten Energiemoduls für das batterieelektrische Fahrzeug (BEV) und den Brennstoffzellenantrieb (F-Cell). Ergänzend hierzu werden anhand von diversen Biege- und Steifigkeitssimulationen die rein strukturellen Anforderungen fortlaufend bewertet.

Ein weiterer Fokus liegt auf dem Legierungsmix, um seitens Crashperformance, Kostenreduktion und Nachhaltigkeit weitere Potenziale auszuschöpfen. Abb. 6.3 zeigt einen Ausschnitt des Legierungsportfolios der Constellium Singen GmbH. Die Abszisse beschreibt den sogenannten Herstellbarkeits-Index bzw. die Extrusionsfähigkeit. Legierungen mit hohem Index sind schneller und prozesssicherer zu extrudieren, haben somit direkt kommerzielle Vorteile und erlauben sehr komplex zu realisierende Profilquerschnitte. Die Ordinate adressiert exemplarisch die jeweilige Streckgrenze des Materials. Grau dargestellt sind dabei typische Aluminiumlegierungen, die frei auf dem weltweiten Markt verfügbar sind. Grün markierte Legierungen spiegeln die sogenannten Constellium High Crashable Alloys (HCA6®) wider, die eine sehr hohe Duktilität bzw. Crashfähigkeit aufweisen. Damit zeichnen sich diese Legierungen durch eine außerordentliche Resistenz gegen Rissbildungen bei massiven plastischen Deformationen aus. In Abb. 6.3 blau markierte Legierungen repräsentieren Constellium High Strength Alloys (HSA6®), die mit einer akzeptablen Duktilität eine sehr hohe Festigkeit besitzen. Diese unterliegen einer Fülle geometrischer Restriktionen, um die Profilquerschnitte wirtschaftlich zu extrudieren. Hierzu zählen der Umschlingungskreis und damit die Größe des Profils, die Kombinationen der Wandstärken, die Anzahl der Profilkammern und der sogenannte Asymmetrie-Faktor. Generell ganz entscheidend zur Realisierung gewünschter mechanischer Eigenschaften zwischen Duktilität und Festigkeit sind die an Profilgeometrien angepassten Abkühlprozesse direkt nach dem Extrusionsprozess. Diese werden innerhalb des Projektes untersucht, um Abkühlgeschwindigkeiten zu optimieren und damit das jeweilige Gefüge an die geforderten mechanischen Eigenschaften voreinzustellen. Letztendlich erfolgen Versuche zur Wärmeauslagerung der jeweiligen Profile, um das Legierungsgefüge und die damit einhergehenden mechanischen Eigenschaften zu stabilisieren. Geprüft wird die Crashfähigkeit und die Festigkeit anhand von Profil-Stauchversuchen an quasi-statischen Prüfeinrichtungen oder an einem dynamischen Fallturm. Die Duktilität, auch von nicht-crashfähigen Materialien, wird anhand von Biegeversuchen an genormten Probengeometrien und extrudierten Profilen ermittelt. Ein spannender Punkt bei der Darstellung der Legierungen in Abb. 6.3 ist die Tatsache, dass die Größe der Legierungs-Markierung mit der Recyclingfähigkeit einhergeht. Eine intelligente Auswahl der Legierungen führt zu einer deutlichen Reduktion des benötigten Primär-Aluminiums bei dem Recycling-Prozess und übt damit einen positiven Einfluss auf die Nachhaltigkeit aus.

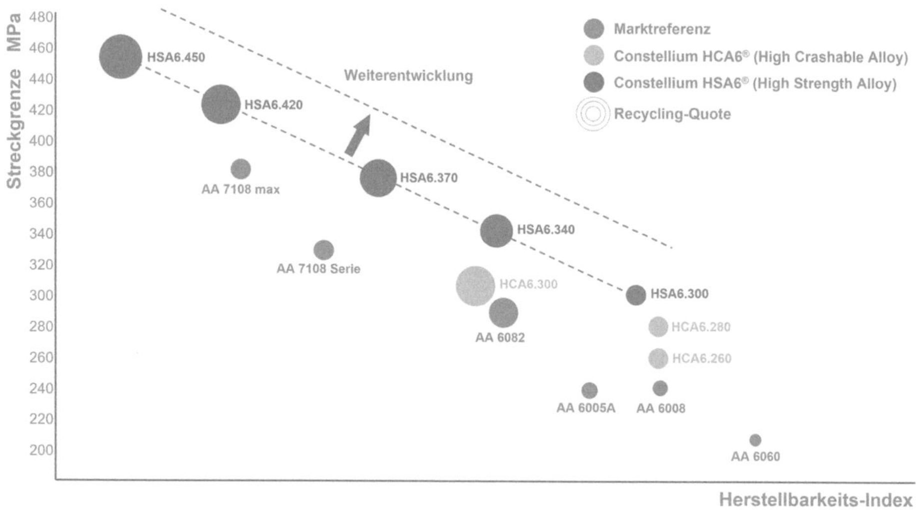

Abb. 6.3 Ausschnitt Legierungsportfolio Constellium Singen GmbH

6.2.2 Grundlagenuntersuchungen zur flexiblen Fertigungstechnik

Der Fokus der TRUMPF Laser- und Systemtechnik GmbH liegt auf dem Einsatz von flexiblen, Laser-basierten Fertigungstechnologien für das Energiemodul. Während das Laserstrahlschneiden, Laserstrahlschweißen und Biegen für den wirtschaftlichen Einsatz in der Industrie bereits in vielen Bereichen etabliert sind, besteht beim Laserauftragschweißen (engl. Laser Metal Deposition, LMD) insbesondere für die additive Fertigung mit Aluminiumlegierungen noch grundlegender Forschungsbedarf hinsichtlich der Wirtschaftlichkeit und der Vorhersagbarkeit der Prozessparameter. Deswegen wurden Grundlagenuntersuchungen zum LMD-Verfahren durchgeführt. Zusätzlich wurde betrachtet, inwiefern dichte Laserschweißnähte bei Aluminiumlegierungen verwirklicht werden können.

Grundlagenuntersuchungen zur Erhöhung der Auftragsrate beim LMD-Verfahren
Das LMD-Verfahren repräsentiert eine flexible additive Fertigungstechnologie, bei der ein dreidimensionales Teil durch das Auftragen mehrerer Schweißbahnen nebeneinander geformt wird. Um diese Schweißbahnen zu erzeugen, wird Pulvermaterial koaxial in einen gerichteten Laserstrahl eingebracht. Dieser Laserstrahl schmilzt sowohl das Pulver als auch das Substrat, wodurch ein Schmelzpool entsteht, in dem sich das aufgebrachte Pulver metallurgisch mit dem Basismaterial verbindet [1, 2].

Die Nachfrage nach hohen Vorschubgeschwindigkeiten kann das sogenannte High-Speed-LMD erfüllen, bei dem Pulver teilweise vor dem Eintritt in den Schmelzpool aufgeschmolzen wird, was Geschwindigkeiten von bis zu 100 bis 200 m/min ermöglicht [3, 4]. Allerdings ist diese Methode derzeit auf die Beschichtung von rotationssymmetrischen Bauteilen beschränkt. Die additive LMD-Fertigung mit AlSi10Mg für nicht-rotationssymmetrische Bauteile und deren mechanische Eigenschaften wurden in verschiedenen Studien [5–9] bis zu einer Vorschubgeschwindigkeit von 1 m/min untersucht. Unser Ziel besteht darin, die Vorschubgeschwindigkeiten durch die Anwendung des High-Speed LMD-Prinzips deutlich zu erhöhen und so eine wirtschaftlichere Fertigung zu ermöglichen.

Hierfür wurden im Rahmen des Projektes Grundlagenversuche zur Erhöhung der Vorschubgeschwindigkeit durchgeführt, welche detailliert in [11] beschrieben werden. An die Einzelspuren beim LMD werden bestimmte Anforderungen gestellt, damit sie grundsätzlich für die additive Fertigung geeignet sind. Abb. 6.4 zeigt den Querschnitt von Einzelspuren, welche mit dem 4 kW Scheiben-Laser TruDisk4001 und der Anlage TruLaser Cell 3000 der Trumpf Laser und Systemtechnik GmbH bei ansteigender Geschwindigkeit gefertigt wurden. Damit die Einzelspuren für die additive Fertigung geeignet sind, müssen sie die rechts in Abb. 6.4 dargestellten Kriterien erfüllen. Wie aus dem Diagramm ersichtlich ist, konnten in den Versuchen bis zu einer Vorschubgeschwindigkeit von 10 m/min Spurgeometrien identifiziert werden, welche alle Anforderungen erfüllen. Bei den Spurgeometrien, welche mit

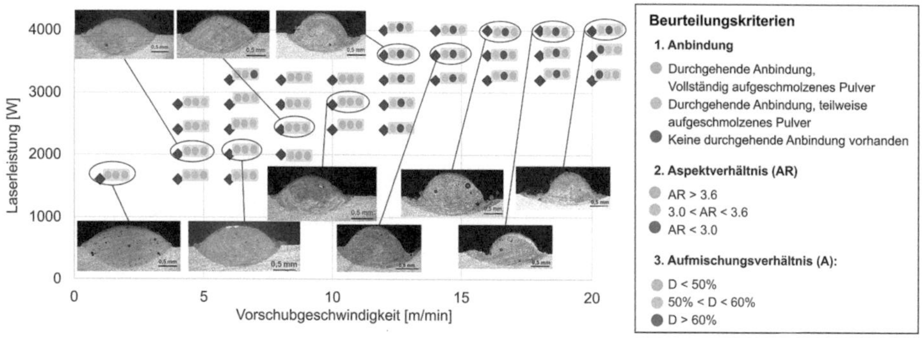

Abb. 6.4 Einfluss der Vorschubgeschwindigkeit auf die Qualität der Spurgeometrie

einer Vorschubgeschwindigkeit von mehr als 10 m/min gefertigt wurden, liegt das Aspektverhältnis, d.h. das Verhältnis von Spurbreite zu Spurhöhe, unterhalb von 3, weshalb diese nicht für additive Aufbauten geeignet sind. Diese Spuren sind schmaler, da das Pulver in den Randbereichen der Spur nicht vollständig geschmolzen ist und somit nicht effektiv zum Aufbau beitragen kann. Dies zeigt, dass sich das Prinzip des High-Speed-LMD zumindest teilweise auf die additive Fertigung von Aluminium übertragen lässt und sich damit die Vorschubgeschwindigkeit deutlich erhöhen lässt.

Eine weitere Herausforderung beim LMD Verfahren besteht darin, dass die Prozessparameter für eine gewünschte Spurgeometrie im Allgemeinen empirisch ermittelt werden müssen.

Modell zur Vorhersage der Prozessparameter beim LMD

Um die Flexibilität des Verfahrens nutzen zu können, sind deswegen Modelle notwendig, welche die notwendigen Prozessparameter für die Fertigung einer gewünschten Spurgeometrie vorhersagen. Da nach aktuellem Stand der Technik keine physikalischen Modelle existieren, welche die komplexen physikalischen Zusammenhänge vollständig abbilden, gewinnen datenbasierte Ansätze in Kombination mit künstlicher Intelligenz (KI) zunehmend an Bedeutung. Im Rahmen des Projektes wurde deshalb ein Machine Learning Modell entwickelt, welches dem Nutzer den wahrscheinlichsten Parametersatz zur Fertigung einer Spurgeometrie vorhersagt und es ermöglicht gemeinsam mit dem Expertenwissen des Nutzers die besten Prozessparameter auszuwählen [10]. Hierfür wurde der in Abb. 6.5 dargestellte Workflow entwickelt. Die Herstellung eines Bauteils erfolgt in der Anwendungsebene, wo der Benutzer, basierend auf den Anforderungen der Anwendung, die Geometrie einer einzelnen Spur und die Prozessparameter festlegt. Die Zielgeometrie der Spur ergibt sich aus der Bauteilgeometrie (meistens ein CAD-Teil).Die Prozessparameter werden durch die Limitationen der verwendeten Maschine eingegrenzt. Die Anwendungsebene benötigt Informationen über optimale Prozessparameter für die Werkzeugbahnplanung. Hierbei spielen

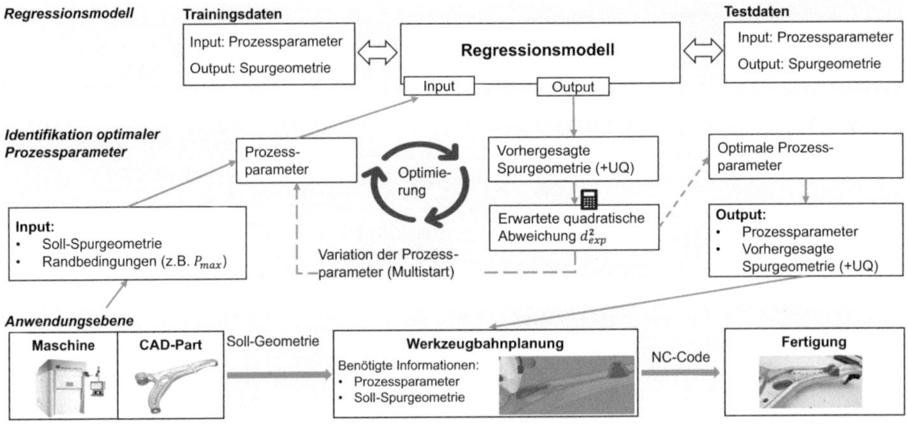

Abb. 6.5 KI-basierter Workflow zur Vorhersage der Prozessparameter

probabilistische Regressionsmodelle eine wichtige Rolle, um die notwendigen Prozessparameter zu identifizieren und die Unsicherheit der Vorhersage zu quantifizieren (engl. uncertainty quantification, UQ). Ein Optimierungsalgorithmus wird verwendet, um den optimalen Satz von Prozessparametern für eine bestimmte Zielgeometrie zu finden, wobei Genauigkeit und Unsicherheit in einer einzigen Maßzahl der Optimalität berücksichtigt werden. Dieser Ansatz verwendet Gauss'sche Prozessregression und Newton-Optimierung mit einer Multistart-Strategie, um geeignete Prozessparameter zu identifizieren. Die gefundenen Prozessparameter werden dann an die Anwendungsebene übergeben, um die am besten geeigneten Parameter für die Anwendung auszuwählen.

Gasdichtes Aluminiumschweißen mittels Multifokus-Technik

Um die Batterie vor Umwelteinflüssen zu schützen, muss die zur Batterie gewandte Seite des Energiemoduls mediendicht sein. Beim herkömmlichen Laserstrahlschweißen von Aluminiumwerkstoffen entstehen jedoch i. d. R. Poren, welche die geforderte Dichtheit negativ beeinträchtigen. Deswegen hat die TRUMPF Laser- und Systemtechnik GmbH u. a. für das gasdichte Schweißen von Aluminiumwerkstoffen die neuartige Multifokus-Technologie entwickelt. Durch eine intelligente Strahlformung (Brightline Weld) und die Aufteilung des Laserstrahls in vier Einzelstrahlen kann verhindert werden, dass die Dampfkapillare während des Schweißprozesses kollabiert, wodurch ein Großteil der Porenentstehung vermieden wird. Somit erhöht der neuartige Ansatz die Prozesseffizienz, ermöglicht größere Schweißtiefen und verbessert zusätzlich die Qualität der Schweißnaht [12]. Diese Technologie wurde in der Rahmenstruktur eingesetzt, um das Bodenblech mit einer durchgängigen dichten Schweißnaht mit den Profilen zu verbinden.

6.3 Alternative Chassis Strukturen

6.3.1 Modulares Strangpress-Konzept des Energiemoduls

Constellium Singen GmbH hat auf Grundlage der Ergebnisse ihrer Voruntersuchungen eine innovative modulare Bauweise des Energiemoduls entwickelt, welches aus Aluminium-Strangpressprofilen und einer intelligenten Auswahl nachhaltiger Legierungen der 6000er Aluminium-Familie besteht. Die erforderlichen Eigenschaften der Bauteile und ihrer Legierungen, die aus den Ergebnissen der Crashsimulationen resultieren, wurden durch einen durchdachten Materialmix und einem entsprechenden Designkonzept umgesetzt. Hierbei sind Zielkonflikte zwischen Steifigkeit, Duktilität, Crashfähigkeit, Extrudierbarkeit und notwendigen Toleranzen berücksichtigt und aufgelöst.

Besonderes Augenmerk wurde auf die Auslegung und Optimierung des Knotenbereichs und des seitlichen Schwellers des Energiemoduls gelegt. Im Rahmen des FlexCAR-Projekts wurde das erarbeitete Gesamtkonzept schließlich in Form eines Prototyps physisch umgesetzt und in der Arena2036 in Stuttgart ausgestellt. Die Fertigung der Einzelbauteile, ausgehend von der Extrusion der Aluminium-Strangpressprofile bis hin zu den entsprechenden maschinellen Bearbeitungen sowie der Zusammenbau der Teilstruktur zum Demonstrator, erfolgten intern bei der Constellium Singen GmbH.

Die abschließende ganzheitliche Bewertung der modularen Profilstruktur wurde durch eine Evaluierung in Bezug auf Wirtschaftlichkeit, technische Performance, Realisierbarkeit und Nachhaltigkeit durchgeführt sowie Potenziale im Vergleich zum hoch-integrativen Rolling Chassis in allen genannten Bereichen gegenübergestellt. Abb. 6.6 veranschaulicht das Strukturkonzept des Energiemoduls mit Brennstoffzellen-Antriebsarchitektur in seiner Gesamtheit, wobei die Einzelkomponenten und ihre jeweiligen Aluminium-Legierungen hervorgehoben sind.

Bei der Bewertung werden mehrere Aspekte thematisiert. Zum einen die Modularität sowie Flexibilität, die Reduktion der Herstellkosten und zum anderen die Funktionsoptimierung sowie die Nachhaltigkeit.

Modularität und Flexibilität

Das alternative Produktionskonzept aus Aluminium-Strangpressprofilen bietet die Möglichkeit die Länge und die Breite des Energiemoduls frei zu skalieren. Dies basiert auf dem grundlegenden Herstellprozess von Strangpressprofilen. Im Extrusionsprozess werden Aluminium-Bolzen erhitzt und hydraulisch mit sehr hohen Druckkräften durch sogenannte Matrizen gepresst. Die resultierenden Profile weisen eine Länge von bis zu 50 m auf und können in beliebige Abmessungen vereinzelt werden. Für die Herstellung variierender Einzelkomponenten und deren Zusammenbau sind keine gesonderten Werkzeuge erforderlich. Der Aufwand für die Anpassung der mechanischen Bearbeitungsprozesse ist damit verhältnismäßig gering.

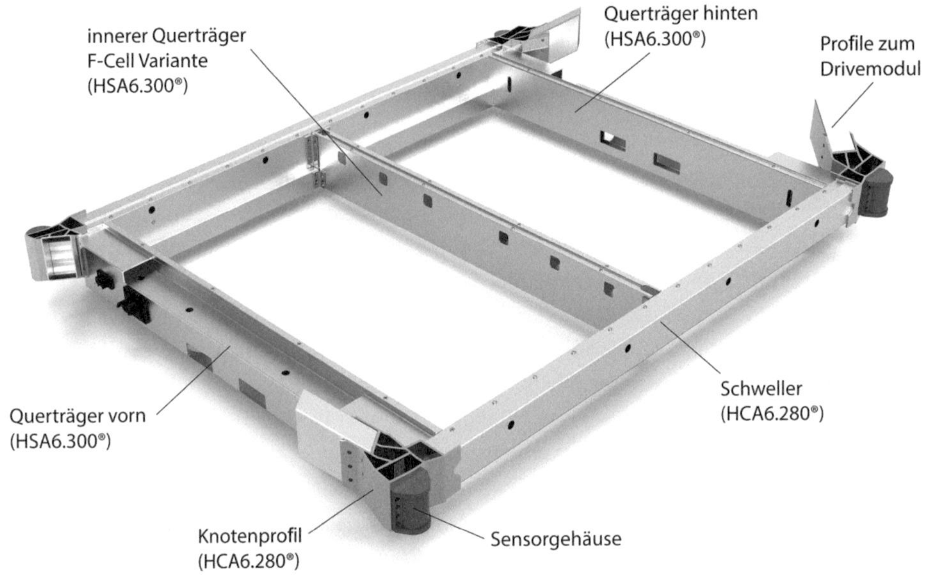

Abb. 6.6 Energiemodul Struktur – modulare Aluminium-Profilbauweise (F-Cell Variante)

Ein weiterer positiver Beitrag zur Modularität und Flexibilität leistet das Konzept mit den in den Schweller integrierten Einlegerprofilen, die in Voruntersuchungen ertüchtigt wurden und in Abb. 6.7 und 6.8 abgebildet sind. Diese Einlegerprofile sind flexibel in unterschiedliche Energiemodul-Varianten integrierbar. Somit können eine rein elektrische (BEV) oder Brennstoffzellen-Variante (F-Cell) mit minimalen Änderungen im Zusammenbauprozess des Energiemoduls umgesetzt und zugleich die Anforderungen an Crashfestigkeit und Steifigkeit erfüllt werden.

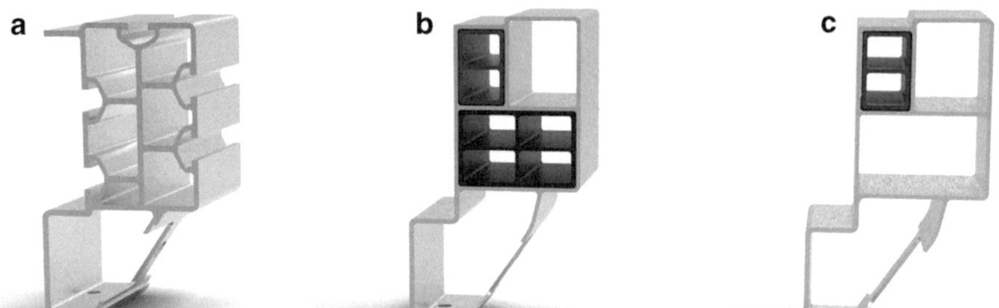

Abb. 6.7 Schematische Darstellung der Schweller-Hüllstruktur mit Einlegerprofilen: (a) Basis; (b) F-Cell; (c) BEV

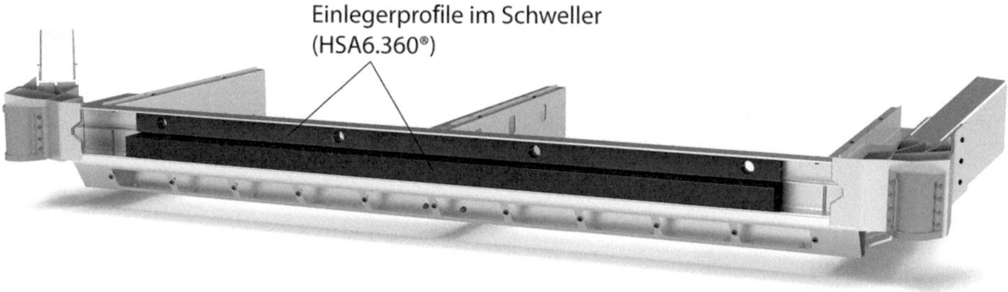

Abb. 6.8 Einlegerkonzept des Energiemodul-Schwellers

Die beiden Antriebsarchitektur-Konzepte des Energiemoduls unterscheiden sich primär in der Anzahl der inneren Querträgerprofile, die zur Integration von Batteriemodulen oder des Brennstoffzellensystems dienen. Im Falle eines seitlichen Pfahlaufpralls ergeben sich dadurch unterschiedliche Hebellängen am Schwellerprofil zur Absorption der kinetischen Energie der Pfahl-Barriere. Die reinelektrische Variante mit zwei inneren Querträgern erfordert eine geringere Gesamtsteifigkeit des Schwellers, wodurch nur ein Einlegerprofil notwendig ist. Die F-Cell Variante mit nur einem inneren Querträger und größeren Hebellängen erfordert zusätzlich das zweite Einlegerprofil. Diese modulare Anwendung der Einlegerprofile ermöglicht eine Gewichtsreduktion von 7,5 kg in der BEV Variante im Vergleich zur F-Cell Variante. Die Positionen, die Anzahl, die Querschnitte und die Legierungen der Einlegerprofile sind dabei variabel. Die Verwendung der hochfesten Aluminium-Legierung HSA6.360® trägt beispielsweise zur Erhöhung der Steifigkeit bei, während das Schwellerprofil bzw. die Hüllstruktur aus der Legierung HCA6.280® sehr duktile Eigenschaften aufweist und somit die Systemintegrität im Falle eines Pfahlaufpralls gewährleistet.

Reduktion der Herstellkosten

Abb. 6.9 veranschaulicht Potenziale des Produktionskonzeptes bezüglich einer Reduktion der Herstellkosten. Das Fügen des Knotenbereichs im MIG-Schweißverfahren ist gesamthaft schneller im Vergleich zu adhäsiven Lösungen oder zu Laserschweißverfahren und verkürzt somit die Taktzeit. Zum anderen benötigt dieser stabile Standardprozess geringe Anlageninvestitionen. Die großen Wärmeeinflußzonen mit verminderten mechanischen Eigenschaften erfordern jedoch Optimierungen des Knotenprofils bezüglich einer nachgiebigen Kinematik bei starken Beanspruchungen im Crashfall. Des Weiteren zeigt Abb. 6.9 links deutlich, dass sehr einfache Profilgeometrien mit geringen Wandstärkensprüngen realisiert sind. Dies ermöglicht einen robusten Extrusionsprozess mit einer um 50 % gesteigerten Extrusionsgeschwindigkeit im Vergleich zum aktuellen hoch-integrativen FlexCAR Chassis Konzept, und führt in Kombination mit der Legierungsauswahl zu einer signifikanten Reduktion der Extrusionskosten um 40 %. Die Vermeidung von CNC-Bearbeitungen der Einzelbauteile

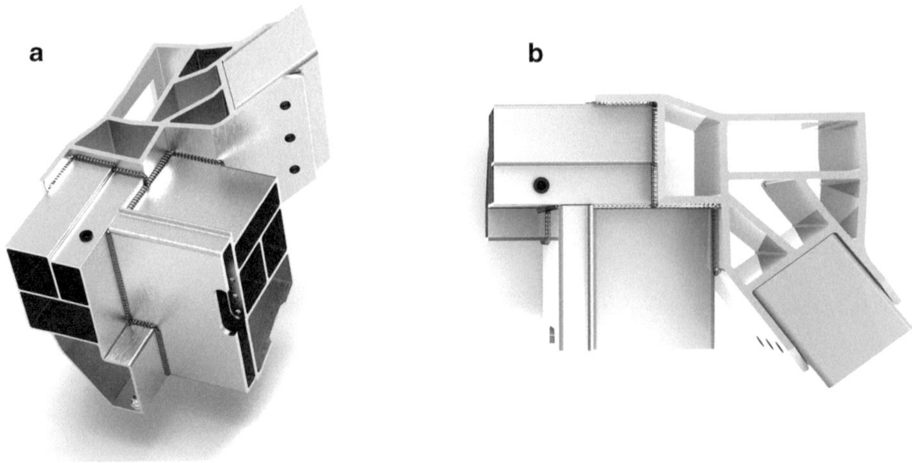

Abb. 6.9 Schnittansicht Knotenbereich des Energiemoduls (a) ISO-Ansicht und (b) Draufsicht

durch die Nutzung von einfachen Säge- und Stanzprozessen wirken sich zudem positiv auf die Herstellkosten aus.

Im Kontrast zur Integration des Knotenprofils an die benachbarten Bauteile erfolgt die Montage der übrigen Einzelkomponenten des Energiemoduls mittels reversibler Schraubverbindungen. Diese Vorgehensweise erstreckt sich sowohl auf den inneren Querträger als auch auf die Deckel- und Bodenplatten. Hierbei kommen Blindnietmuttern zum Einsatz, die in die Profilwände eingesetzt werden und somit die Implementierung von Schraubverbindungen ermöglichen. Blindnietmuttern repräsentieren Verbindungselemente, durch die insbesondere bei dünnen und einseitig zugänglichen Werkstücken ein hochbelastbares Gewinde für lösbare Verbindungen realisiert werden kann. Eine Blindnietmutter ist im Wesentlichen ein Gewindehohlniet, der einseitig in eine Bohrung eingesetzt wird. Die flexible Anordnung der Blindnietmuttern trägt des Weiteren zur Modularität des Energiemoduls bei.

Funktionsoptimierung

Die Funktionsoptimierung bildet einen weiteren essentiellen Aspekt der Konzeptbewertung, insbesondere im Hinblick auf das Crashverhalten und die Steifigkeit des Energiemoduls. Die in den Voruntersuchungen beschriebenen und in Abb. 6.2 visualisierten simulativen Optimierungen des Schwellerkonzepts resultieren in einer beachtlichen Reduktion der Pfahlintrusion in das Energiemodul um 22 % bei gleichbleibender Energieabsorption. Dies führt zu einer gesteigerten Schutzwirkung für die Antriebsarchitektur im Falle eines Crashs. Die präzise Abstimmung hochfester Einlegerprofile mit einer duktilen Schweller-Hüllstruktur ermöglicht eine optimierte Deformationskinematik. Eine hohe Grundsteifigkeit des Schwellers absorbiert initial eine erhebliche Menge kinetischer Energie, resultiert jedoch in einer geringen Gesamtdeformation des Schwellers selbst und führt zu einer starken Verschiebung der

Innenseite in Richtung der Energiespeicher. Andererseits führt eine sehr duktile Auslegung steifigkeitsbedingt zu einer anfänglichen Kollabierung des Schwellers, was bezüglich der Verschiebung der Innenwand vorteilhaft ist, hat jedoch eine geringere Absorption der kinetischen Energie zur Folge. Das Konzept mit modular einsetzbaren Schwellereinlegern ermöglicht somit die Realisierung eines optimalen Gleichgewichts zwischen Steifigkeit und Deformationsfähigkeit. Zusätzlich steigert eine geschickte Kombination von Profilgeometrien und Verbindungstechniken die Gesamtsteifigkeit des Energiemoduls bezüglich Torsion und Biegung um 10 % und verbessert damit das dynamische Verhalten des Chassis. Das Knotenkonzept ist daraufhin optimiert, die Systemintegrität des Energiemoduls während eines Pfahlcrashs im Bereich der Eckstruktur zu gewährleisten. Hierbei sind sowohl die strukturelle Flexibilität als auch die Verbindungstechnik optimal ausgestaltet.

Nachhaltigkeit

In der abschließenden Analyse wird der Aspekt der Nachhaltigkeit beleuchtet. Durch die sorgfältige Legierungsauswahl und eine optimierte Funktionalität wird eine Gewichtsreduktion von 12 % im Vergleich zum gegenwärtigen hoch-integrativen FlexCAR-Chassis erreicht. Zudem resultiert aus dem Einsatz von Aluminiumlegierungen mit einer Recycling-Quote von >85 % ein bedeutsamer Beitrag zu einem reduzierten Einsatz von Primäraluminium und damit zu einer erheblichen Verbesserung der CO_2-Bilanz. Die nahezu sortenreine Trennung der Einzelkomponenten des Energiemoduls basiert auf zwei Eigenschaften. Zum einen sorgt der Legierungsmix aus ausschließlich 6000er Aluminiumprofilen für die Möglichkeit, die Recycling-Schmelze auf hochperformante Legierungen, wie etwa HSA6.360®, upzugraden. Zum anderen besteht die Möglichkeit, die Blindnietmuttern automatisiert zu demontieren. Dieser Ansatz trägt nicht nur zur Effizienz der Recyclingprozesse bei, sondern ermöglicht auch eine gezielte Wiederverwendung von Materialien und verbessert die Gesamtnachhaltigkeitsbilanz des Energiemoduls weiter.

6.3.2 Flexible Blechbauweise

Vom Projektpartner TRUMPF wurde das Energiemodul in reiner Aluminium-Blechbauweise gefertigt. Hierbei werden nur werkzeugarme Fertigungsverfahren, wie das Laserschneiden, Biegen, Laserschweißen und Laserauftragschweißen (LMD) eingesetzt, was eine an den Bedarf angepasste Funktionalisierung und eine unkomplizierte Anpassung an veränderte Rahmenbedingungen ermöglicht. Abb. 6.10 zeigt die gefertigte Rahmenstruktur in reiner Aluminium-Blechbauweise. Um die Crash-Anforderungen allein durch Blechbauweise zu erfüllen, wurden alle strukturrelevanten Profile aus mehreren gebogenen Blechen zu einem Mehrkammerprofil mittels Laserstrahlschweißen miteinander verbunden, wie man exemplarisch am rechts oben in Abb. 6.10 dargestellten

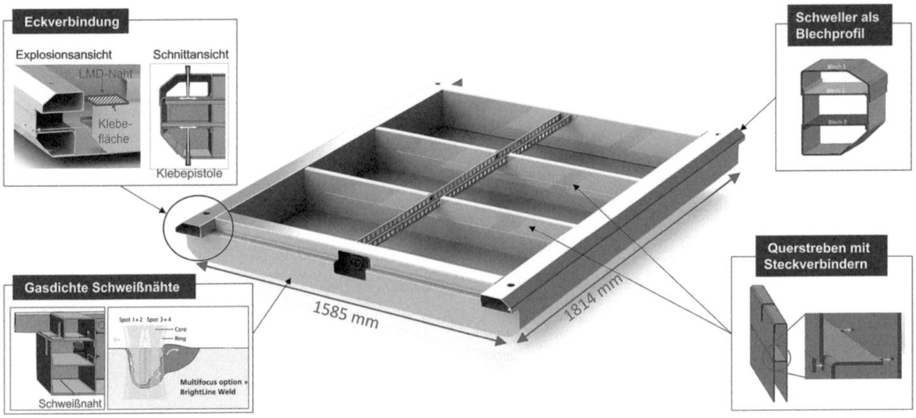

Abb. 6.10 Darstellung des Energiemoduls in reiner Aluminium-Blechbauweise

Schwellerprofil erkennen kann. Je nach Lastfall kann z. B. die Position oder Dicke einzelner Bleche variiert werden, ohne dass ein neues Formwerkzeug notwendig ist. Beim Laserstrahlschweißen wird die Energie außerdem gezielt lokal eingebracht, sodass insgesamt wenig Energie benötigt wird und nur ein geringer Verzug der Profile stattfindet. Bei den äußeren Profilen wurde zudem auf die Dichtheit nach innen geachtet, weshalb die Bleche, welche in das Innere des Energiemoduls gerichtet sind, keine Durchbrüche besitzen. Die beiden Querstreben im Inneren des Energiemoduls müssen diese Anforderung an Dichtheit nicht erfüllen. Deswegen wurden diese, wie rechts unten in Abb. 6.10 erkennbar, als Steckverbinder konzeptioniert. Dies ermöglicht ein flexibles Fügen der Bleche mittels Laserstrahlschweißen, ohne dass für die Positionierung der Bleche spezielle Vorrichtungen benötigt werden. Da hierbei kein überlappender Flansch benötigt wird, kann zusätzliches Gewicht eingespart werden.

Genau wie bei der Strangpressprofil Bauweise liegt auch bei dieser Methode ein besonderes Augenmerk auf dem Eckknoten. In der Automobilindustrie wird der Eckknoten derzeit häufig als eigenständiges Bauteil, beispielsweise als Gussteil, produziert und erfordert aufgrund von Fertigungstoleranzen eine zusätzliche Nachbearbeitung. In diesem Projekt wird der Eckknoten jedoch durch eine intelligente Anordnung der Blechprofile und den Einsatz einer neu entwickelten und patentierten Klebetechnik realisiert. Wie links oben in Abb. 6.10 zu sehen ist, kann eine solche Verschachtelung durch die Flexibilität des Laserstrahlschneidens und den Einsatz verschiedener Bleche leicht realisiert werden. Dabei wird eine LMD-Naht mit einer Höhe, die exakt dem Spaltmaß zwischen den Profilen entspricht, auf eines der zu verklebenden Profile aufgetragen. Da sich die geforderte Höhe bei jedem Profil unterscheiden kann, ist ein Modell notwendig, welches diejenigen Prozessparameter auswählt, welche zur gewünschten Spurgeometrie führen. Dies wird durch den KI-basierten Workflow, der in vorherigen Kapiteln vorgestellt wurde, erreicht.

Anschließend werden die Profile zusammengesteckt. Hierbei werden nicht nur Toleranzen im Spaltmaß ausgeglichen, sondern auch durch die LMD-Naht überall ein konstantes Spaltmaß gewährleistet. Durch Löcher in den oberen und unteren Blechen kann der Klebstoff mithilfe einer Injektions-Klebepistole eingebracht werden. Da die Profile perfekt zueinander positioniert sind, und das Spaltmaß überall gewährleistet ist, wird die definierte Klebefläche zuverlässig und vollständig mit Klebstoff gefüllt, wodurch die beiden Bauteile strukturell miteinander verbunden werden. Die Unterstützung des Injektionskleben durch additive Fertigung stellt einen neuartigen Ansatz dar, der im Rahmen dieses Projektes entwickelt wurde und dazu beitragen kann das Injektionskleben zukünftig in strukturellen Karosserieverbindungen einzusetzen.

6.4 Ausblick

Das FlexCAR-Projekt verdeutlicht wegweisende Innovationen im Bereich der Fahrzeugtechnik. Zukünftige Entwicklungen werden sich verstärkt auf die weitere Integration von Kreislaufwirtschaftsprinzipien konzentrieren. Dabei spielen nicht nur nachhaltige Materialien und Produktionsverfahren eine Rolle, sondern auch fortgeschrittene Recyclingtechnologien und intelligente Designansätze. Die Brücke zwischen Forschung und Praxis wird entscheidend sein, um die vielversprechenden Konzepte in die Realität umzusetzen und die Vision eines nachhaltigen Leichtbaus voranzutreiben.

Ein weiterer aussichtsreicher Forschungsansatz liegt in der Entwicklung umweltfreundlicher Fertigungsprozesse. Hierbei könnten innovative Technologien für ressourcenschonende Herstellungsverfahren erforscht werden. Dies verbessert nicht nur die ökologische Bilanz, sondern ebnet auch den Weg für nachhaltigere Fertigungspraktiken in der gesamten Automobilindustrie.

Die im Rahmen des Projektes entwickelte und patentierte Kombination aus LMD und Injektionskleben stellt einen Befähiger für strukturelle Klebeverbindungen im Karosseriebau dar. Die Klebeanwendung wurde im Rahmen des Projektes für eine reine Blechbauweise untersucht. Das grundsätzliche Prinzip, d. h. die LMD-Nähte als Abstandshalter und Begrenzung der Klebefläche zu nutzen, lässt sich jedoch auch auf andere Bauteile anwenden. So könnte dies beispielsweise auch bei der Verbindung von derzeit im Automobilbereich stark aufkommenden Giga-Cast Bauteilen mit Blechen oder Strangpressprofilen oder für die Verbindung von Bauteilen aus unterschiedlichen Materialien, wie z. B. Stahl und Aluminium, zum Einsatz kommen. Außerdem stellt die experimentelle Absicherung der Struktur in Bezug auf die Serienanforderungen einen weiteren wichtigen Schritt für eine potenzielle Serienanwendung dar. Die beschriebenen Energiemodule stellen strukturelle Gehäuse für Batteriezellen, Batteriemodule oder Brennstoffzellen dar, im Projekt wurden jedoch nur LV-Batterien verwendet. Ein weiterer interessanter Forschungsschwerpunkt stellt die Integration von realistischen Batteriezellen in der Serienfertigung dar. Durch die Flexibilität der Blechfertigung ist möglichweise eine direkte Integration der

Zellen in die tragende Struktur der Karoserie („cell-to-chassis“) möglich, wofür jedoch noch weitere grundlegende Untersuchungen notwendig sind.

Trotz der bisherigen Erfolge stehen noch einige Herausforderungen im Bereich der Fahrzeugtechnologie im Fokus. Eine davon betrifft die Entwicklung neuartiger Legierungen, die sowohl mehr Crashfestigkeit als auch eine höhere Recycling-Quote ermöglichen. Hier könnten weitere Forschungen den Weg für leistungsfähigere und nachhaltigere Materialien ebnen. Neue Verbindungstechnologien für Aluminiumsysteme mit geringeren Wärmeeinflusszonen oder sortenrein trennbare innovative Fügetechnologien sind unabdingbar. Das FlexCAR-Projekt hat bereits eindrucksvoll gezeigt, dass es möglich ist, die Herausforderungen der Elektromobilität mit innovativen Ansätzen zu bewältigen. Der Ausblick auf zukünftige Entwicklungen verdeutlicht, dass die Forschung im Rahmen dieses Projekts nicht nur auf den bisherigen Erfolgen ruht, sondern sich stetig weiterentwickelt.

Literatur

1. Hügel, H., Graf, T., 2022. Laser in der Fertigung. Strahlquellen, Systeme, Fertigungsverfahren. Hrsg.: Wiesbaden, Germany: Springer Fachmedien Wiesbaden.
2. Möller, M., 2021. Prozessmanagement für das Laser-Pulver-Auftragschweißen. Hrsg.: Heidelberg, Berlin, Germany: Springer Berlin Heidelberg.
3. Schopphoven, T., 2020. Experimentelle und modelltheoretische Untersuchungen zum Extremen Hochgeschwindigkeits-Laserauftragschweißen. Hrsg.: Stuttgart, Germany: Fraunhofer Verlag.
4. Vogt, S., Göbel, M., Hermann, F., 2021. Hochgeschwindigkeitslaserauftragschweißen – Neue Perspektiven für das Beschichten. Hrsg.: Mitweida, Germany: Scientific Reports der Hochschule Mittweida.
5. Chen, B. et al., 2018. Microstructure and mechanical properties of additive manufacturing AlSi10Mg alloy using direct metal deposition. Ferroelectrics, vol. 523, no. 1, pp. 153–166. Hrsg.: London, England: Taylor&Francis.
6. Gao, Y. et al., 2019- Effect of processing parameters on solidification defects behavior of laser deposited AlSi10Mg alloy. Vacuum 167, p. 471, Hrsg.: Amsterdam, Netherlands: Elsevier.
7. Thiele, W, 2015. Laserauftragschweißen mit der Aluminiumlegierung AlSi10Mg. Hrsg: Aachen, Germany: Shaker Verlag GmbH.
8. Kiani, P. et al., 2020. Directed energy deposition of AlSi10Mg: Single track nonscalability and bulk properties. Materials & Design 194, Hrsg. Amsterdam, Netherlands: Elsevier.
9. Wang, X et al., 2019. Microstructure and mechanical properties of laser metal deposited AlSi10Mg alloys. Materials Science and Technology 35, p. 2284, Hrsg.: London, England: Taylor&Francis.
10. Hermann, F. et al., 2023. Data-Driven Prediction and Uncertainty Quantification of Process Parameters for Directed Energy Deposition. Materials 13 (23). Hrsg.: Basel, Switzerland: MDPI.
11. Hermann, F. et al., 2022. Laser Metal Deposition of AlSi10Mg with high build rates. Procedia CIRP 111 (210–213) Hrsg. Amsterdam, Netherlands: Elsevier.
12. Möller, M. et al., 2022. Spatially tailored laser energy distribution using innovative optics for gas-tight welding of casted and wrought aluminum alloys in e-mobility. Journal of Laser Applications. Vol. 34., Iss. 4, Hrsg.: Melville, New York, USA: AIP Publishing.

Automatisierte Fahrfunktionen und die strukturelle Sensorintegration am FlexCAR

7

Annika Ackermann, Stefan Carosella, Miralem Saljanin und Jan Daßler

7.1 Motivation

Die Forschung im Bereich des automatisierten Fahrens stellt einen der dynamischsten Schwerpunkte in der aktuellen Automobilindustrie dar, mit dem klaren Ziel, verschiedene Facetten der Mobilität und des Transports zu optimieren. Getrieben von anhaltenden Trends wie Urbanisierung, Digitalisierung und Nachhaltigkeit erschließen sich neue Fahrzeugkonzepte, wie bspw. das innovative flexCAR. Als hochautomatisierte Plattform wurde das flexCAR gezielt für den Einsatz in urbanen Umgebungen konzipiert, insbesondere als Fortbewegungsmittel für Personen. Mit einem elektrischen Allradantrieb und einer Zweiachslenkung ausgestattet, garantiert das flexCAR eine hohe Manövrierfähigkeit und präsentiert somit eine Antwort auf die Herausforderungen einer Mobilität in dichtbesiedelten und beschränkten Umgebungen.

Durch die Integration von Sensoren im Rolling Chassis des Projektes flexCAR soll ein autonom fahrendes sowie update- und upgradefähiges Fahrzeug realisiert werden.

A. Ackermann (✉) · S. Carosella
Institut für Flugzeugbau, Universität Stuttgart, Stuttgart, Deutschland
E-Mail: ackermann@ifb.uni-stuttgart.de

S. Carosella
E-Mail: carosella@ifb.uni-stuttgart.de

M. Saljanin
Insitut für Fahrzeugtechnik Stuttgart, Universität Stuttgart, Stuttgart, Deutschland
E-Mail: miralem.saljanin@ifs.uni-stuttgart.de

J. Daßler
RD/RTS, Mercedes-Benz AG, Sindelfingen, Deutschland
E-Mail: jan.dassler@mercedes-benz.com

A. Gerlicher und M. Lahres (Hrsg.), *FlexCAR*, ARENA2036,
https://doi.org/10.1007/978-3-662-69750-4_7

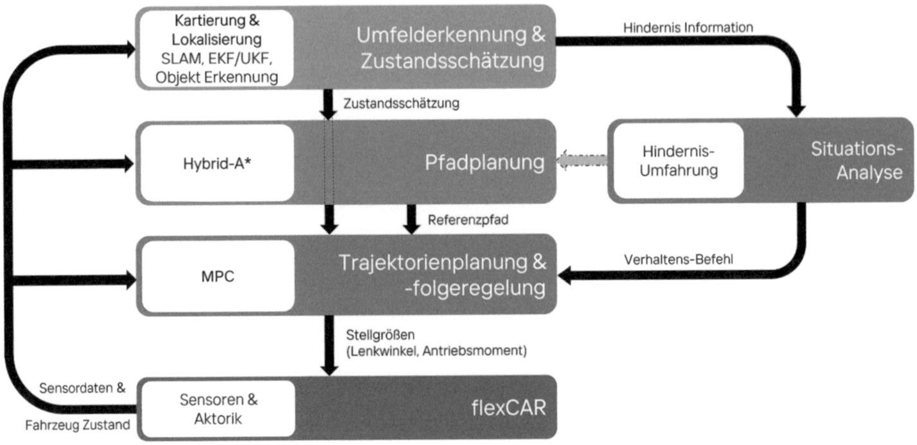

Abb. 7.1 Schematische Darstellung der Funktionsarchitektur

Hierzu zählt die Sensordatenfusion für die Fahrzeugzustandsschätzung und die darauf aufbauende Trajektorienfolgeregelung für das hochautomatisierte Fahren. In Abb. 7.1 ist eine Übersicht der Funktionsarchitektur gegeben, welche für die automatisierte Fahrzeugführung verwendet wird. Zudem werden die Sensoren im flexCAR zusätzlich zur Strukturüberwachung und für die Integration von Zusatzfunktionen verwendet.

7.2 Lokalisierung & Fahrzeugzustandsschätzung

Besonders ein Aspekt des automatisierten Fahrens wurde im flexCAR Projekt intensiv erforscht und getestet: die Indoor-Lokalisierung. Indoor gibt es keine Möglichkeit sich absolut über ein GPS-Signal zu lokalisieren, weshalb auf Methoden der relativen Lokalisierung zurückgegriffen werden muss. Anstatt die genaue geographische Position des flexCARs zu kennen, wird die Position hierbei relativ zu einem Ausgangspunkt bestimmt.

Odometrie und Sensordatenfusion

Im flexCAR Rolling Chassis sind eine Vielzahl unterschiedlicher Sensoren verbaut. Hierzu zählen neben der Umfeldsensorik wie Radar, Lidar, Ultraschall und Kameras auch Sensoren zur Erfassung der Fahrzeugbewegung wie Raddrehzahlsensoren und eine inertiale Messeinheit (IMU). Anhand dieser Sensoren können unter anderem verschiedene Verfahren zur Fahrzustandsschätzung und Lokalisierung implementiert und getestet werden.

In einem Ansatz zur Fahrzustandsschätzung und Lokalisierung werden die fahrzeuginternen Raddrehzahl- und Lenkwinkelsensoren sowie die IMU verwendet. Die

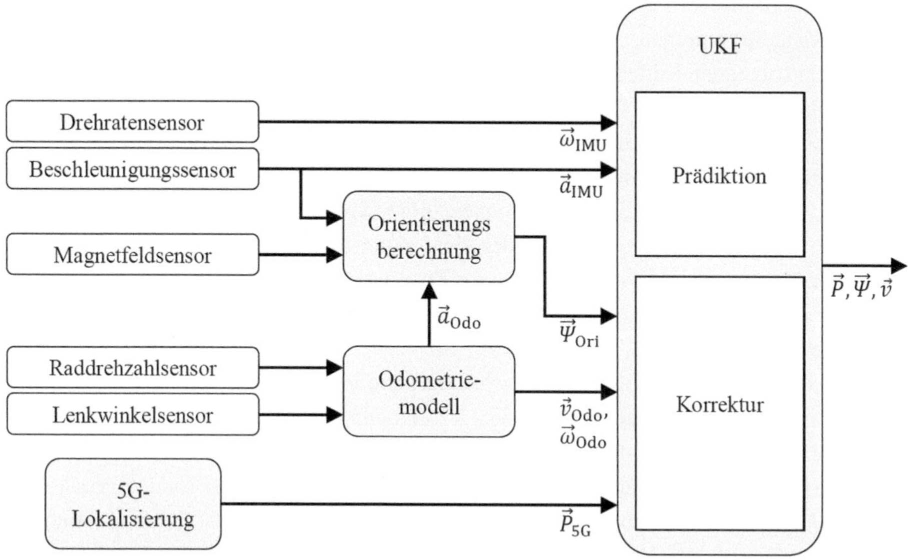

Abb. 7.2 Fahrzeugzustandsschätzung mithilfe des UKF durch Fusionierung der Sensordaten und Odometriemodells des Fahrzeugs [11]

Geschwindigkeits-, Ausrichtungs- und Positionsprädiktion aus einem Inertialnavigationssystem wird hierbei in einem Unscented Kalman Filter (UKF) mit den Beobachtungen aus einem raddrehzahlbasierten Odometriemodell und einer gravitationsbasierten Lageberechnung vereint (Abb. 7.2) [11]. Ergänzt werden kann dieses System um die Positionsbeobachtung aus der 5G-Positionierung oder der infrastrukturkamerabasierten Lokalisierung.

Visuelle Odometrie

Wie im vorherigen Abschnitt beschrieben, ist die Odometrie ein einfaches Beispiel für die relative Positionierung. Dabei wird über die Raddrehzahlen, Lenkwinkel und Informationen anderer Sensoren die zurückgelegte Strecke und die Ausrichtung des Fahrzeugs berechnet bzw. geschätzt. In der Praxis ist diese Methode allein nicht anwendbar, da Fehler in der Schätzung sehr schnell aufintegriert werden, und die Lokalisierung dadurch unbrauchbar wird. Im vorherigen Abschnitt wurde bereits erklärt, wie das Odometrie-Modell des Fahrzeugs mit anderen Sensor-Daten fusioniert wurde, um genaue Positionsdaten zu erhalten.

Eine weitere Möglichkeit der Lokalisierung in geschlossenen Umgebungen, welche im Rahmen des Projektes untersucht wurde, ist die der visuellen Odometrie. Hierbei werden die Informationen aus visuellen Sensoren verwendet, wie bspw. aus einer Kamera oder einem LiDAR, um die relative Fahrzeugbewegung zu schätzen. Dabei werden in Echtzeit Bilder der Umgebung erstellt und die darin enthaltenen, visuellen Merkmale (Ecken, Kanten, Objekte etc.) extrahiert und verfolgt, um dadurch die Positionsänderung im Raum zu erfassen. Mithilfe der visuellen Odometrie ist es dadurch in der Praxis möglich, kleinste Veränderungen in aufeinanderfolgenden Bildern zu erkennen, zu analysieren und Rückschlüsse auf die eigene Fahrzeugbewegung zuverlässig und präzise treffen zu können.

Bei relativen Lokalisierungs-Methoden besteht ein Problem darin, dass die Position schwer zu bestimmen ist, wenn zu Beginn noch keine Information über die Umgebung vorliegt. Einfach ausgedrückt bedeutet dies folgendes: Um die Position des flexCARs zu bestimmen benötigt es eine Karte der Umgebung und um eine Karte der Umgebung erstellen zu können, benötigt es allerdings die Position des Fahrzeugs. Ein typisches Henne-Ei-Problem, welches mit dem SLAM (engl. Simultaneous Localization and Mapping) Algorithmus effizient gelöst werden kann (Abb. 7.3).

Im flexCAR wird auf Kameras verzichtet und die visuelle Odometrie bzw. der SLAM Algorithmus nur mit Sensordaten aus LiDAR Sensoren gespeist. Der LiDAR zeichnet sich im Vergleich zu anderen bildgebenden Sensoren besonders durch die hohe Genauigkeit und die Zuverlässigkeit bei unterschiedlichen Lichtverhältnissen aus. Der Nachteil besteht vor allem in den momentan noch hohen Anschaffungskosten und der Notwendigkeit rotierender Bauteile im Sensor, welche besonders verschleißanfällig sind.

Abb. 7.3 Beispielhafte Darstellung einer vom Lidar-SLAM erzeugten Karte der ARENA2036 und der vom flexCAR zurückgelegte Pfad. Grafik: Universität Stuttgart – Institut für Fahrzeugtechnik

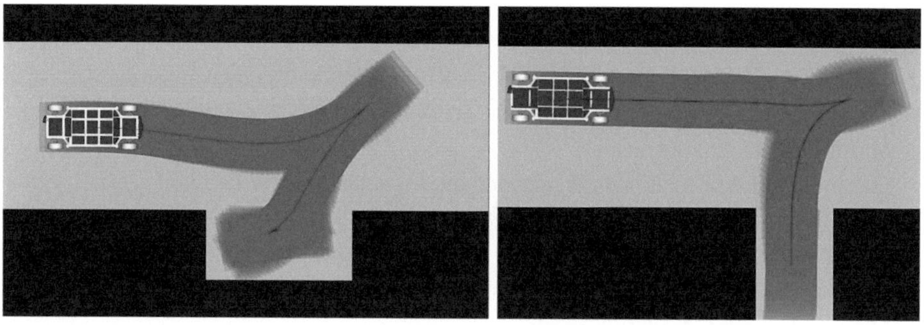

Abb. 7.4 Illustration der Hybrid-A*-Pfadplanung für typische Einparkmanöver

7.3 Pfadplanung

Gemäß der Literatur gibt es im Allgemeinen zwei Kategorien von Umgebungen für die Pfadplanung, nämlich strukturierte und unstrukturierte Umgebungen [10]. Strukturierte Umgebungen enthalten in der Regel Informationen über Referenzspuren, beispielsweise beim städtischen Fahren oder auf der Autobahn. In solch einer Umgebung kann die geometrische Information von Straßen oder Fahrspuren als Referenz verwendet werden, um einen Pfad für das sich bewegende Fahrzeug zu generieren.

Im Gegensatz dazu bezieht sich eine unstrukturierte Umgebung entweder auf einen Parkplatz oder einen geschlossenen Testbereich. Hier wird der Fahrbereich als unbekannter Raum für das Fahrzeug betrachtet, da es keinen Referenzpfad gibt, dem es folgen kann. Das Fahrzeug muss immer einen sicheren Pfad, basierend auf der erstellten Karte, bestimmen. Da sich die Umgebung ändert, werden Karte und Plan entsprechend aktualisiert.

Da das flexCAR typischerweise in geschlossenen und unstrukturierten Umgebungen operiert, wurde für die Pfadplanung der dafür geeignete Hybrid-A*-Algorithmus implementiert [11]. Der Hybrid-A*-Algorithmus kombiniert die hohe Effizienz des A*-Algorithmus für kartenbasierte Pfadplanungen und die Berücksichtigung der Fahrzeugkinematik, weshalb dieser besonders für automatisierte Fahrzeuge geeignet ist (Abb. 7.4).

7.4 Trajektorienplanung und Folgeregelung

Für die Erforschung von automatisierten Fahrfunktionen, insbesondere der Trajektorienplanung und Folgeregelung, sind städtische Umgebungen und Produktionsumgebungen besonders interessant, aufgrund der hohen Dichte an Verkehrsteilnehmern und der spezifischen Verkehrsregeln, die beachtet werden müssen. Diese festgelegten Bedingungen im städtischen Verkehr führen auch zu neuen Herausforderungen hinsichtlich der Bewegungssteuerung von Fahrzeugen, die eine hohe Positionsgenauigkeit erfordern, zum Beispiel bei der Verfolgung von Trajektorien mit großen Krümmungen. Um dies zu erreichen, ist die Vorhersage des zukünftigen Fahrzeugverhaltens von großer Bedeutung, insbesondere in gefährlichen Fahrsituationen.

Genau für solche Situationen eignet sich die Modellprädiktive Regelung (MPC) besonders gut aufgrund seiner Prädiktionsfähigkeit des Fahrzeugverhaltens und der expliziten Berücksichtigung von Einschränkungen seitens der Aktorik oder durch Hindernisse, welche umfahren werden müssen [10].

Die MPC ist ein optimierungsbasiertes Regelungsverfahren und kann als Trajektorienplanung und Folgeregelung in einem gesehen werden. Die Grundidee der modellprädiktiven Regelung besteht darin, dass unter Verwendung eines mathematischen Modells des realen Systems sein zukünftiges Verhalten über einen endlichen Zeitraum vorhergesagt werden kann (Abb. 7.5).

Aufgrund der niedrigen Geschwindigkeiten, auf welche das flexCAR in der Arena2036 begrenzt ist, wurde die Fahrzeugbewegung mithilfe des kinematischen Einspurmodells modelliert:

$$\frac{d}{dt}v = a = \boldsymbol{u}_2 \tag{7.1}$$

$$\frac{d}{dt}\psi = \frac{v}{L}tan(\delta_{act}) \tag{7.2}$$

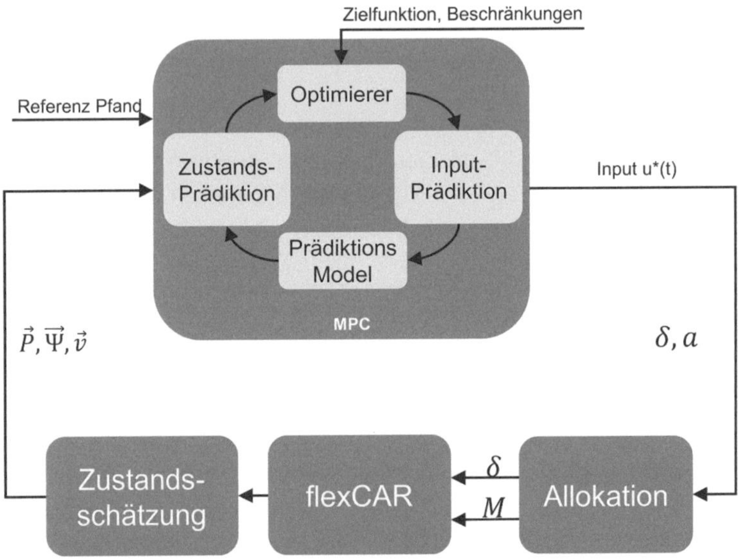

Abb. 7.5 Block-Diagramm des Modelprädiktiven Reglers

$$\frac{d}{dt}s = \frac{v * \cos(e\psi)}{1 - \kappa(s) * ed} \tag{7.3}$$

$$\frac{d}{dt}e\psi = \frac{d}{dt}\psi\kappa(s) * \frac{d}{dt}s \tag{7.4}$$

$$\frac{d}{dt}ed = v * \sin(e\psi) \tag{7.5}$$

$$\frac{d}{dt}\delta_{act} = -\frac{1}{\delta_{delay}}\delta_{act} + \frac{1}{\delta_{delay}}\delta_{cmd} \tag{7.6}$$

$$\frac{d}{dt}\delta_{cmd} = \boldsymbol{u}_1 \tag{7.7}$$

Die Variable v beschreibt die Geschwindigkeit und a die Beschleunigung im Schwerpunkt des Fahrzeugs. Die Größe ψ gibt die Ausrichtung des Fahrzeugs an und mit L ist der Abstand zwischen Vorder- und Hinterachse gemeint. δ gibt den Radlenkwinkel an. Die Gl 7.3–7.5 beschreiben die Fehlerkoordinaten des Fahrzeugs im kurvenförmigen Koordinatensystem. Dabei ist mit s die Bogenlänge gemeint, mit $e\psi$ der Ausrichtungsfehler des Fahrzeugs, mit $\kappa(s)$ die Krümmung in Abhängigkeit der Bogenlänge und mit ed der Abstandsfehler. 3.6 und 3.7 beschreiben die Lenkungsdynamik des flexCARs. Mithilfe der Lenkungsdynamik kann die Totzeit δ_{delay} vom Zeitpunkt des Lenkbefehls δ_{cmd} bis zum Einstellen des tatsächlichen Radlenkwinkel δ_{act} durch die prädiktive Eigenschaft des MPC kompensiert bzw. in der Optimierung berücksichtigt werden.

Als Stellgröße u wurde die Radlenkwinkel-Änderungsrate $\Delta\delta_{cmd}$ und die Beschleunigung a gewählt.

$$u = [\Delta\delta_{cmd}, a] \cdot T \tag{7.8}$$

Der Zustand x ergibt sich aus den Gl (7.1–7.7) zu

$$v, \psi, s, e\psi, ed, \delta_{act}, \ \delta_{cmd} \cdot T \tag{7.9}$$

Damit können die Bewegungsgleichungen in kompakter Schreibweise dargestellt werden als

$$\dot{x} = \boldsymbol{f}(\boldsymbol{x}, \boldsymbol{u}) \tag{7.10}$$

$$y = \boldsymbol{Cx} \tag{7.11}$$

In 7.11 beschreibt y den Ausgangs-Vektor, der für die Rückkopplung genutzt wird um die Referenztrajektorie zu folgen. $\boldsymbol{C}$ stellt dabei die Ausgangsmatrix dar, bzw. die Abbildung der "messbaren" Zustände des Fahrzeugs.

Das Optimierungsproblem kann schließlich folgendermaßen aufgestellt werden.

$$\min_{\mathrm{y,u}} \mathrm{J(y,u)} = \sum\nolimits_{i=0}^{N-1} \left(||y_{ref,i} - y_i||_Q^2 + ||u_i||_R^2 \right) \tag{7.12}$$

Die Kosten- oder Zielfunktion J(y, u) soll in Abhängigkeit der Optimierungsvariablen y und u minimiert werden. Q und R sind dabei Gewichtungsmatrizen. Mit Q wird die Abweichung der prädizierten Trajektorien y, über den Prädiktionshorizonten N, zur Referenz-Trajektorie y_{ref} "bestraft". Mit R soll sichergestellt werden, dass die Stellgrößen nicht übermäßig groß ausfallen, indem größere Stellgrößen stärker ins Gewicht fallen als kleinere. Neben der Kostenfunktion J(y, u) und den Optimierungsvariablen muss noch der Bereich der annehmbaren Lösungen für die Optimierungsvariablen definiert werden, welcher durch Beschränkungen festgelegt wird. Die Kostenfunktion in 7.12 soll so optimiert werden, dass folgende Beschränkungen berücksichtigt werden:

$$x_0 = x(t) \tag{7.13}$$

$$x_{k+1} = f_d(x_k, u_k) \tag{7.14}$$

$$x_{min} \leq x_k \leq x_{max} \tag{7.15}$$

$$u_{min} \leq u_k \leq u_{max} \tag{7.16}$$

$$\Delta u_{min} \leq \Delta u_k \leq \Delta u_{max}, k \in [1,\ \mathrm{N}-1] \tag{7.17}$$

7.13 legt den gemessenen Fahrzeugzustand als Anfangsbedingung fest und7.14 berücksichtigt die Fahrzeugdynamik in diskreter Form (Runge–Kutta). 7.15 setzt die Beschränkungen für den Fahrzeugzustand fest, wie z. B. eine maximale Geschwindigkeit v_{max} von 2 m/s oder eine maximale Abweichung zur Referenz-Trajektorie ed_{max} von 20 cm. 7.16 beschreibt hierbei die Stellgrößen-Beschränkungen in der Amplitude ($\delta_{cmd,max} = 23°, a_{max} = 1\ m/s^2$) und 7.17 die Beschränkungen in der Stellgrößen-Änderungsrate ($\Delta\delta_{cmd} = 2°/s$), welche durch die Aktorik limitiert ist.

In Abb. 7.6 wird beispielhaft die Auswertung einer Versuchsfahrt mit dem flexCAR in der ARENA2036 dargestellt. Die Herausforderung bei der Verfolgung des Referenzpfades besteht in einem plötzlichen Wechsel von einer Linkskurve in eine Rechtskurve im Punkt X = 18, Y = 5. An dieser Stelle erreicht der Positionsfehler zur Referenztrajektorie ein Maximum von etwa 16 cm, bleibt jedoch innerhalb des festgelegten Toleranzbereichs. Auch das Geschwindigkeitslimit von maximal 2 m/s wird eingehalten. Ebenfalls zu erkennen ist, wie der Einschlag des Radlenkwinkels δ an dieser Stelle von einer linken Lenkposition in den maximalen rechten Lenkeinschlag von 23° wechselt. Der Verlauf des Radlenkwinkels zeigt deutlich, wie der tatsächlich eingestellte Winkel den vom MPC gestellten nacheilt. Durch die Berücksichtigung der Lenkungsdynamik in 3.6 und 3.7 wird diese Totzeit allerdings in der Optimierung berücksichtigt, wodurch das sehr gute Folgeverhalten erreicht wird.

7.5 Sensorintegration in Strukturmaterialien

Zusätzlich zur Forschung am autonomen Fahren wurde vom Institut für Flugzeugbau der Universität Stuttgart die Integration von Sensorik und Zusatzfunktionen in Strukturbauteile dazu genutzt das autonome Fahren sicherer zu gestalten. Im Allgemeinen ist es essentiell, dass die für das autonome Fahren genutzte Sensorik genau kalibriert ist. Kommt es zu einer geringen Lageänderung der Sensorik durch äußere Einflüsse wie z. B. Parkrempler kann es leicht zu Unfällen kommen. Daher wurde die konventionelle, metallische Halterung der Radarsensoren ersetzt. Hierzu kam eine Leichtbaulösung aus kohlenstofffaserverstärktem Kunststoff (CFK) zum Einsatz, in dessen Lagenaufbau ein Sensorband mit drei mikroelektromechanischen Systemen (MEMS) integriert wurde (Abb. 7.7). Zusätzlich wurde die Kunststoffmatrix des Verbundwerkstoffs mit reduziertem Graphenoxid (rGO) bzw. funktionalisiertem reduzierten Graphenoxid (frGO) dotiert. Der resultierende graphen-modifizierte kohlenstofffaserverstärkte Kunststoff (g-CFK) ermöglicht eine höhere Wärmeleitfähigkeit und kann so ein mögliches Überhitzen der genutzten Radarsensoren im Betrieb vermeiden. Zusätzlich wird die sensible Sensorik durch die Platzierung im Laminat des g-CFKs vor Außeneinflüssen (z. B. Schmutz, Sonneneinstrahlung) geschützt.

Zur Beurteilung des Einflusses von rGO und frGO auf die verschiedenen Materialeigenschaften wurden unterschiedliche Gewichtsanteile von 0,00 bis 1,50 Gew.-% im Nanokomposit und g-CFK untersucht. Als Partikel wurden zwei Varianten genutzt, die von der Graphit Kropfmühl GmbH (Hauzenberg, Deutschland) bereitgestellt wurden. Während das rGO (EXG 98 300 R) keiner speziellen Oberflächenbehandlung unterzogen wurden, wurde das frGO (EXG 98 300 R FNH) mit Plasma funktionalisiert wobei NH_3 als Quelle für das Niederdruckgasplasma diente und somit eine Aminfunktionalisierung auf den Partikeln erzeugte. Eine Oberflächenfunktionalisierung mit Aminen ist bei Epoxidharzen, die überwiegend als Matrix in CFKs verwendet werden, besonders wichtig, da diese funktionellen Gruppen u. a. die Bildung kovalenter Bindungen mit Epoxidharzen unterstützen. Die Amingruppen können eine chemische Reaktion mit Epoxidharzen über eine Amidbindung eingehen, die zu einer besseren Dispersion der Partikel, einer verbesserten Grenzflächenhaftung sowie einer Lastübertragung führt, die wiederum die mechanischen

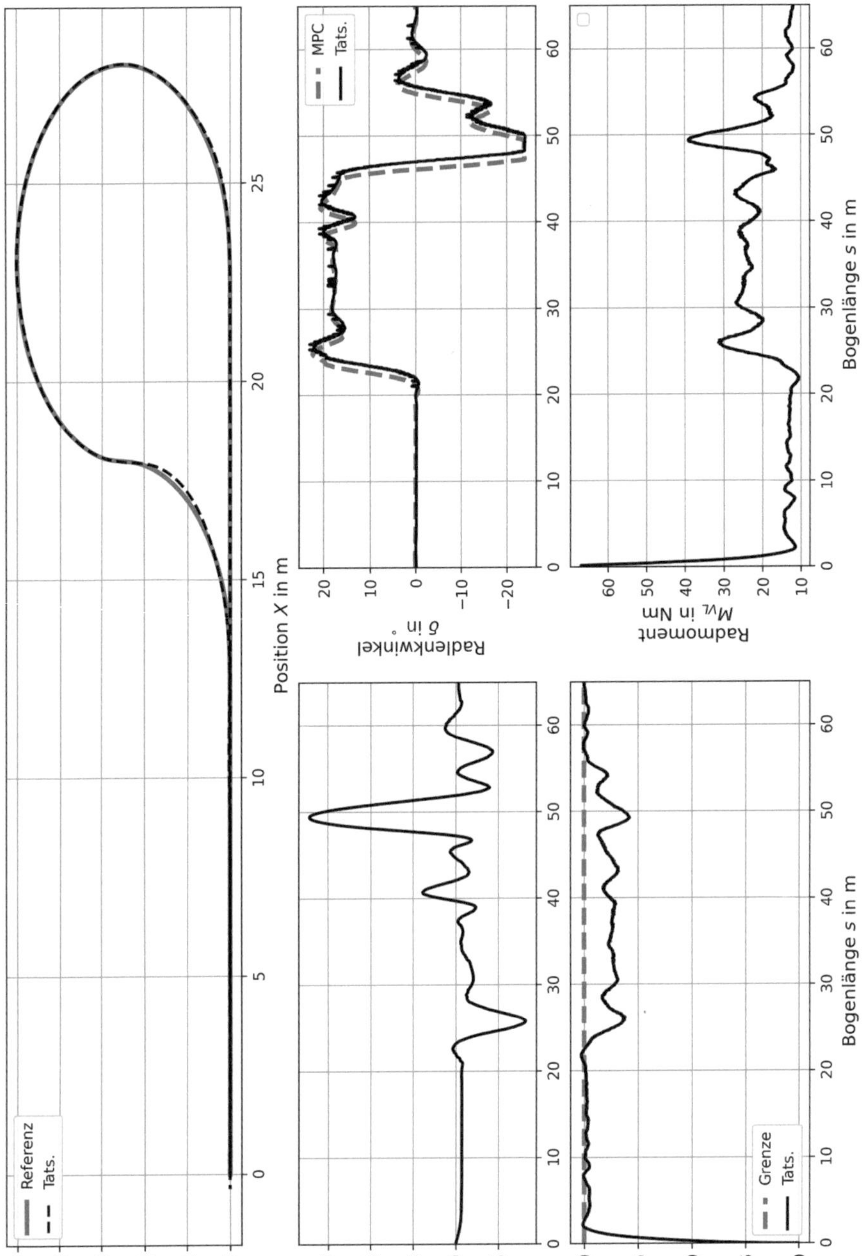

Abb. 7.6 Auswertung des MPC anhand einer Versuchsfahrt mit dem flexCAR in der ARENA2036

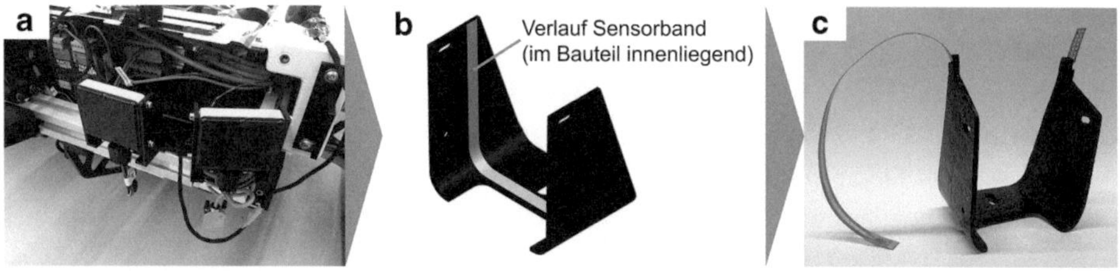

Abb. 7.7 Halterung der Radarsensoren am Rolling Chassis. (a) Ursprüngliche Halterung aus Metall ohne weitere Funktionen; (b) Schematische Darstellung der neuen Radarhalterung aus g-CFK sowie integrierter Sensorik zur Überwachung der Komponente; (c) Fertiggestellter Demonstrator mit MEMS-Sensorband

und thermischen Eigenschaften des Verbundmaterials verbessern können [3–6]. Die Sika Deutschland GmbH (Stuttgart, Deutschland) lieferte das Bisphenol A-(Epichlorhydrin) Epoxidharz Biresin® CR83 und den aminbasierten Härter Biresin® CH83-10. Es handelt sich um ein zweiteiliges Harzsystem mit einer niedrigen Mischviskosität (155 mPa s bei 25 °C), was die Dispersion der verwendeten rGO- und frGO-Partikel zusätzlich unterstützt. Um eine homogene Verteilung der Partikel in der Polymermatrix zu erreichen, wurden die rGO- oder frGO-Partikel durch manuelles Mischen in dem Epoxidharz vordispergiert. Diese Suspension wurde anschließend durch das Dreiwalzwerk 80 S PLUS von EXAKT Advanced Technologies (Norderstedt, Deutschland) in acht Durchläufen mit unterschiedlichen Spaltbreiten verarbeitet. Die hiermit hergestellten Masterbatches ermöglichten die Herstellung von Proben mit einer maximalen Konzentration von 1,50 Gew.-% rGO oder frGO. Für die Herstellung der Nanokomposit-Proben wurde der Härter zur jeweils benötigten Menge an Masterbatch hinzugefügt. Bei Bedarf wurde mehr Epoxidharz zugegeben, um die Masterbatch auf niedrigere Konzentrationen von rGO bzw. frGO zu verdünnen. Die jeweilige Suspension wurde anschließend manuell gemischt und in einer Vakuumkammer entgast. Bei den Nanokomposit- und reinen Polymerproben wurden die unausgehärteten Materialien in Formen gegossen und 48 h lang bei Raumtemperatur ausgehärtet. Für die g-CFK-Materialien wurden die unidirektionalen Kohlenstofffasern mithilfe einer Hotmelt-Prepreg-Imprägnieranlage der Universität Bayreuth als Halbzeug vorbereitet. Die Laminatherstellung erfolgte sowohl bei den g-CFKs als auch bei CFK mithilfe von Aushärten unter Vakuum. Abschließend wurden die alle ausgehärteten Materialkonfigurationen einer Wärmebehandlung unterzogen, um ein vollständiges Aushärten des Polymers sicherzustellen [8, 9].

Das Verarbeitungspotenzial der Suspensionen für die Kompositherstellung wurde z. B. anhand des rheologischen Verhaltens abgeschätzt. Die Viskositätsänderung durch die Zugabe der verwendeten Graphenderivate wurde mithilfe eines Rheometers bestimmt. Für alle Proben wurde ein scherverdünnendes Verhalten beobachtet. Des Weiteren ließ sich feststellen, dass mit zunehmenden Gewichtsanteilen die Viskosität der Suspensionen anstieg. Dieser Effekt war ausgeprägter, wenn ein Schwellenwert von 1,00 Gew.-%

überschritten wurde, und dies war im Fall von frGO stärker ausgeprägt als bei rGO. Bei einer Scherrate von 2 s^{-1} führte das Vorhandensein von 1,00 Gew.-% frGO (rGO) zu einem 2-fachen (2-fachen) Anstieg der Viskosität, während die Beimischung von 1,50 Gew.-% frGO (rGO) zu einem 18-fachen (7-fachen) Anstieg der Viskosität führte. Wie die Analyse von Dünnschnitten zeigte, trug die maßgeschneiderte Funktionalisierung der frGO-Partikel dazu bei, die Homogenität der Dispersion der Partikel in der Epoxidmatrix zu verbessern, insbesondere bei höheren Gewichtsanteilen. Bei geringeren Gewichtsanteilen führte die niedrige Viskosität der Suspension zu einer leichteren Bildung von Agglomeraten [7]

In Bezug auf die Nanokomposite wurden die mechanischen Eigenschaften mithilfe von Zugversuchen, der Beurteilung der resultierenden Bruchflächen und dynamisch-mechanischer Analyse (DMA) untersucht. Wie sowohl durch die Zugversuche als auch durch die DMA nachgewiesen wurde, wurde für alle Materialkonfigurationen eine erhöhte Steifigkeit mit zunehmenden Gewichtsanteilen von (f)rGO festgestellt, was jedoch mit einer Verschlechterung der Zugfestigkeit und einem spröderen Bruchverhalten einherging. Darüber hinaus wiesen die raueren Bruchflächen und die DMA-Messungen der Nanokomposite mit frGO auf eine verbesserte Grenzflächenbindung hin, die durch die Aminfunktionalisierung der frGO-Partikel verursacht wurde. Die durch die Plasmafunktionalisierung erzielte Bindung scheint demnach zu schwach zu sein, um eine signifikante Verbesserung der mechanischen Eigenschaften zu bewirken. Ein ähnliches Verhalten ohne signifikante Unterschiede zwischen den rGO- und den frGO-haltigen Nanokompositen wurde bei der spezifischen Wärmekapazität der hergestellten Nanokomposite beobachtet. Das Nanokomposit mit frGO wies jedoch deutlich höhere Werte für die Temperaturleitfähigkeit und die Wärmeleitfähigkeit auf als das Nanokomposit mit rGO. Dies bestätigte die Wirksamkeit der verwendeten Funktionalisierung durch die verwendte Plasmabehandlung in Bezug auf die Wärmeleitfähigkeit. Darüber hinaus wurde ein annähernd linearer Anstieg der Wärmeleitfähigkeit sowohl mit steigenden Gewichtsanteilen der verwendeten Additive als auch mit steigenden Temperaturen beobachtet. In Bezug auf die elektrische Leitfähigkeit ist es wichtig zu erwähnen, dass sich ein Perkolationsnetzwerk zu entwickeln begann, nachdem eine Beladung von 1,00 Gew.-% überschritten wurde, und kein signifikanter Unterschied zwischen rGO und frGO beobachtet werden konnte [8]. Abb. 7.8 fasst die relativen Änderungen ausgewählter thermomechanischer Materialeigenschaften im Vergleich zum reinen Polymer aus Biresin® CR83/CH83–10 zusammen.

Im Vergleich zum reinen CFK wiesen die untersuchten g-CFK-Konfigurationen einen höheren Porengehalt im Laminat auf. Dies ist auf die höhere Viskosität der (f)rGO-haltigen Suspensionen zurückzuführen, die den Lufteinschluss während des Legeprozesses der verwendeten Prepreg-Lagen begünstigt und eine ausreichende Entlüftung im Vakuumaufbau behindert. Sowohl das Elastizitätsmodul als auch das Speichermodul zeigten, dass die Steifigkeit des Verbundwerkstoffs durch das Vorhandensein von rGO- und frGO-Partikeln nicht wesentlich beeinflusst wurde. Bei der Zugfestigkeit wurde jedoch

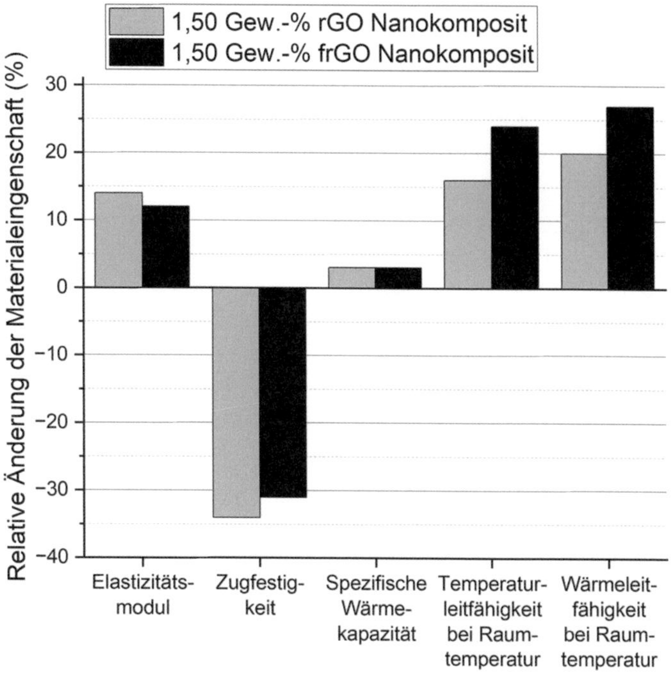

Abb. 7.8 Zusammenfassung der relativen Änderungen von ausgewählten thermomechanischen Materialeigenschaften ausgewählter Nanokomposit-Konfigurationen mit 1,50 Gew.-% rGO bzw. frGO im Vergleich zum reinen Polymer

eine Verringerung von -11 % (-13 %) für das rGO-CFK (frGO-CFK) festgestellt. Darüber hinaus waren die Bruchflächen der (f)rGO-CFK rauer als die der reinen CFK, was auf verbesserte Rissablenkungsmechanismen hinweist. Bei der Auswertung der thermischen Eigenschaften wurde festgestellt, dass die spezifische Wärmekapazität durch die Einschlüsse von (f)rGO nicht beeinflusst wurde, aber bei höheren Temperaturen anstieg. Dies unterschied sich von der Temperaturleitfähigkeit, für die das rGO-CFK bei allen untersuchten Temperaturen annähernd konstant blieb, während die Werte für das reine CFK und das frGO-CFK bei 60 °C bis zu +10 % höher waren als bei Raumtemperatur. Wie erwartet, war die Wärmeleitfähigkeit sowohl von der Temperaturleitfähigkeit als auch von der spezifischen Wärmekapazität abhängig. Mit steigender Temperatur wurde ein Anstieg der Wärmeleitfähigkeit beobachtet, und die entsprechenden Werte des reinen CFKs (frGO-CFK) waren bei 60 °C um +13 % (+1 %) höher als die des rGO-CFK. Die elektrische Leitfähigkeit der untersuchten (g-)CFK-Laminate wurde durch die Messrichtung und die Matrixdotierung beeinflusst. Das heißt, dass die longitudinale elektrische Leitfähigkeit durch das Vorhandensein von (f)rGO nicht beeinflusst wurde und somit primär von der Faserverstärkung abhängig war. Diese Ergebnisse stehen im Gegensatz zur

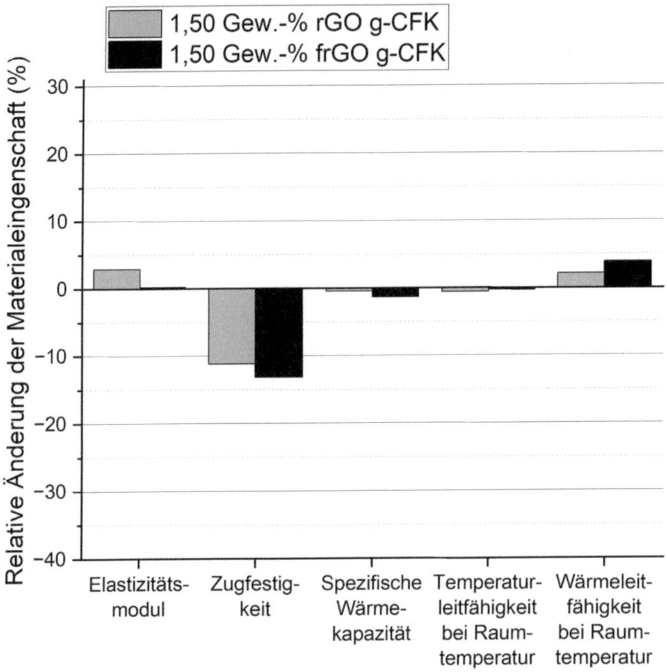

Abb. 7.9 Zusammenfassung der relativen Änderungen von ausgewählten thermomechanischen Materialeigenschaften von g-CFK mit 1,50 Gew.-% rGO bzw. frGO im Vergleich zum reinen CFK

elektrischen Leitfähigkeit in Querrichtung, für die das rGO-CFRP und das frGO-CFK Werte aufwiesen, die um +16 % und +52 % höher waren als die des reinen CFK.[9] Abb. 7.9 veranschaulicht die relativen Änderungen ausgewählter thermomechanischer Materialeigenschaften im Vergleich zum reinen CFK.

Für die Umsetzung des Demonstrators wurden MEMS des Typs BMA456 von Bosch Sensortec (Reutlingen, Deutschland) genutzt. Diese weisen mit 2,00 × 2,00 × 0,65 mm eine sehr geringe Größe auf und haben somit einen geringen Einfluss auf die Materialeigenschaften des Laminats. Zur Integration in das Laminat befinden sich drei BMA456 mit jeweils zwei Kondensatoren auf einem flexiblen Flachkabel, das aus dem Bauteil herausgeleitet wurde. Die Kontaktierung erfolgte über ein flexibles Flachkabel und ermöglichte die Datenerfassung der Beschleunigungen in x-, y- und z-Richtung was ebenfalls die Überwachung der entsprechenden Geschwindigkeiten und Positionen in den drei Raumrichtungen erlaubt. Somit kann eine eventuelle Positionsänderung der Radarhalterung und daher auch des Radarsensors schnell und mit geringem Messfehler erfasst werden. Zusätzlich kann die Temperatur im Bauteil detektiert werden.

Abb. 7.10 zeigt beispielhaft den Verlauf der Messsignale über Zeit der drei MEMS-Sensoren eines Sensorbands. Hierbei erfolgte die Aufnahme der Daten während der

Demonstrator beispielhaft drei Erschütterungen (mehrfaches Klopfen) erfuhr. Bedingt durch die Richtungsdefinition in der entwickelten Messsoftware besitzen Sensor 1 und 2 ein negatives Vorzeichen der Beschleunigung, während Sensor 3 mit einem positiven Vorzeichen definiert wurde. Dennoch weisen die entsprechenden Signale der drei Sensoren unterschiedliche Verläufe als auch Beträge auf. Dies bestätigt die Eignung der verwendeten Sensorik zur Überwachung der Lageänderungen bzw. Impactbelastung des Bauteils.

Analog hierzu zeigt Abb. 7.11 den Verlauf der Messsignale über Zeit während der Demonstrator lokal in der Nähe von Sensor 2 erwärmt wurde. Der Beginn und das Ende des Erwärmens sowie der Abkühlvorgang ist deutlich zu erkennen. Im Gegensatz zu der hohen Auflösung des Lage- bzw. Beschleunigungssignals ermöglichen die verwendeten MEMS nur eine Messung der Temperatur in Schritten von ±1 °C. Dies ist

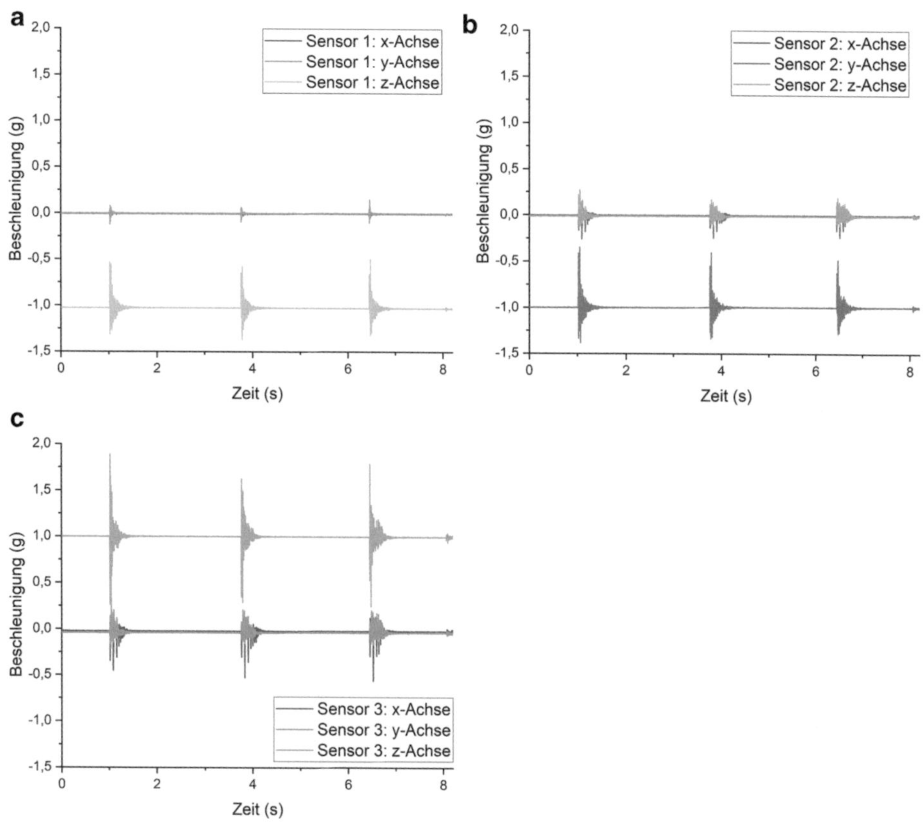

Abb. 7.10 Verlauf der Messsignale über Zeit während der Demonstrator drei Erschütterungen erfuhr

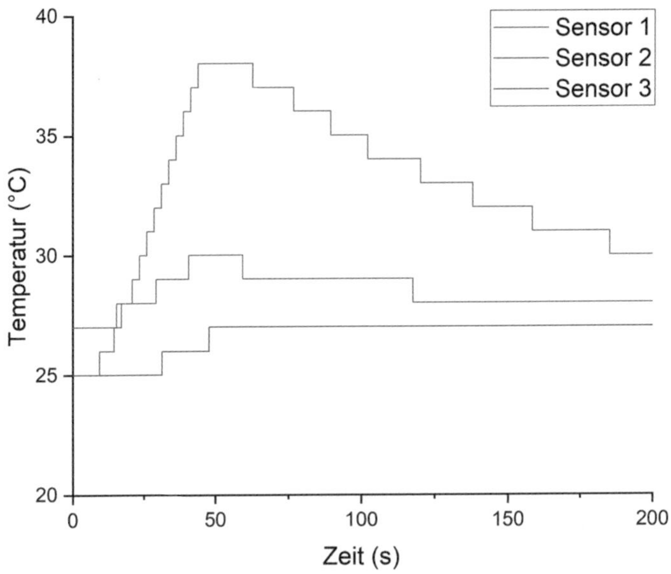

Abb. 7.11 Verlauf der Messsignale über Zeit während der temporären Erwärmung des Demonstrators

jedoch für die gewählte Anwendung ausreichend. Somit konnte die Prinziptauglichkeit des Demonstrators erfolgreich nachgewiesen werden.

7.6 Fazit und Ausblick

Ausblickend konzentrieren sich unsere Forschungsbemühungen auf Aspekte, die die Effizienz und das Fahrerlebnis im Bereich des hochautomatisierten Fahrens weiter verbessern sollen. Ein Schwerpunkt liegt dabei auf der Optimierung der gesamten Fahrzeugvernetzung, um Totzeiten in der Signalübertragung zu minimieren und so eine präzisere Fahrzeugführung zu gewährleisten. Im Bereich der Lokalisierung, und speziell der Indoor-Lokalisierung, soll vor allem die visuelle Odometrie weiter erforscht werden. Für die Trajektorienplanung und –folgeregelung wird ein Augenmerk auf die Steigerung des Fahrkomforts gestellt werden.

Die neuartige Halterung der Radarsensoren aus g-CFK, das im Laminat zusätzlich mit einem Sensorband mit drei MEMS-Sensoren versehen wurde, ermöglicht die direkte Messung der Beschleunigungen in x-, y- und z-Richtung was ebenfalls die Überwachung der entsprechenden Geschwindigkeiten und Positionen in den drei Raumrichtungen erlaubt. Somit kann eine eventuelle Positionsänderung der Radarhalterung und daher auch des Radarsensors schnell und mit geringem Messfehler erfasst werden. Zusätzlich kann über die Sensoren die Temperatur im Bauteil detektiert werden. Darüber hinaus ermöglicht die Dotierung mit frGO eine höhere Wärmeleitfähigkeit des Verbundwerkstoffs und somit eine Reduktion von lokalen Temperaturspitzen.

Die Verwendung von CFK mit weiteren Zusatzfunktionen wie z. B. Sensorik, Additiven oder Füllstoffen bietet ein großes Potenzial zur Überwachung von Strukturbauteilen und zur Steigerung der Materialeigenschaften.

Literatur

1. B. Ahmadi-Moghadam, M. Sharafimasooleh, S. Shadlou, F. Taheri, *Mater. Des.* 2015, 66, 142. https://doi.org/10.1016/j.matdes.2014.10.047.
2. J. A. Kim, D. G. Seong, T. J. Kang, J. R. Youn, *Carbon* 2006, 44, 1898. https://doi.org/10.1016/j.carbon.2006.02.026.
3. M. Seong, D. S. Kim, *J. Appl. Polym. Sci.* 2015, 132, 42269. https://doi.org/10.1002/app.42269.
4. X. Shen, Z. Wang, Y. Wu, X. Liu, J.-K. Kim, *Carbon* 2016, 108, 412. https://doi.org/10.1016/j.carbon.2016.07.042.
5. A. C. Ackermann, S. Carosella, M. Rettenmayr, B. L. Fox, P. Middendorf, *J. Appl. Polym. Sci.* 2021, 139, 51664. https://doi.org/10.1002/app.51664.
6. A. C. Ackermann, M. Fischer, A. Wick, S. Carosella, B. L. Fox, P. Middendorf. *J. Compos. Sci.* 2022, 6, 6. https://doi.org/10.3390/jcs6060153.
7. A. C. Ackermann, M. Demleitner, J. Guhathakurta, S. Carosella, H. Ruckdäschel, S. Simon, B. L. Fox, P. Middendorf, *Polym. Compos.* 2023, 44, 8. https://doi.org/10.1002/pc.27461.
8. Saljanin, Miralem, et al. A model predictive control approach for highly automated vehicles in urban environments. Automot. Engine Technol. 7, 105–113 (2022). https://doi.org/10.1007/s41104-022-00103-x.
9. Kiebler, Jochen. Lokalisierung und Fahrzustandsschätzung für eine vollautomatisierte elektrische Fahrzeugplattform (in Veröffentlichung)
10. Katrakazas, Christos, et al. Real-time motion planning methods for autonomous on-road driving: State-of-the-art and future research directions. In: Transportation Research Part C: Emerging Technologies 60 (2015), November, 416–442.
11. Dolgov, Dmitri & Thrun, Sebastian & Montemerlo, Michael & Diebel, James. (2008). Practical Search Techniques in Path Planning for Autonomous Driving. AAAI Workshop – Technical Report.

Implementierung eines gedruckten Bedienelements mit integrierter RFID-Bauteilerkennung

8

Bernhard Polzinger, Istvan Denes und Daniel Kessler

Hinweis
Dieses Forschungs- und Entwicklungsprojekt wurde mit Mitteln des Bundesministeriums für Bildung und Forschung (BMBF) im Rahmen des Forschungscampus ARENA2036 (Verbundprojekt FlexCAR, Förderkennzeichen gefördert und vom Projektträger Karlsruhe (PTKA-PFT) betreut.

Der Bericht stellt die Ergebnisse aus dem Verbundprojekt vor. Die Verantwortung für den Inhalt dieser Veröffentlichung liegt bei den Autoren.

8.1 Motivation

Zu einer wie im Projekt FlexCAR untersuchten zukünftigen flexiblen Fahrzeugfertigung gehört auch, dass einzelne Komponenten bzgl. Form, Farbe und Funktion flexibel gefertigt werden können. Hierfür bieten sich vor allem additive Fertigungsverfahren und im Speziellen der Inkjetdruck an, da hier sowohl die Gestaltungsfreiheit der additiven Fertigungsverfahren [5] als auch eine große Farbauswahl [1] gegeben ist. Zudem bietet

B. Polzinger (✉) · I. Denes
CR/APT3, Robert Bosch GmbH, Renningen, Deutschland
E-Mail: bernhard.polzinger@de.bosch.com

I. Denes
E-Mail: istvan.denes@de.bosch.com

D. Kessler
TEC/INN, Balluff GmbH, Neuhausen auf den Fildern, Deutschland
E-Mail: daniel.kessler@balluff.de

A. Gerlicher und M. Lahres (Hrsg.), *FlexCAR,* ARENA2036,
https://doi.org/10.1007/978-3-662-69750-4_8

die Inkjettechnologie auch die Möglichkeit der Funktionsintegration durch das Verdrucken von leitfähigen wie z. B. metallhaltigen Tinten [3] oder sensitiven Materialien [4]. Dadurch können neben dem strukturgebenden Element auch Leiterbahnen und Sensoren in ein Bauteil integriert werden, sodass ein zusätzlicher Mehrwert im additiv gefertigten Bauteil generiert werden kann. Zudem bietet diese Technologie aber auch eine sehr gute Skalierbarkeit, da durch den Einsatz mehrerer Druckköpfe die Druckbreite und somit die Produktionsgeschwindigkeit vervielfältigt werden kann. Weiterhin kann durch den Einsatz von wasserlöslichen Stützmaterialien zur Herstellung von Hinterschnitten auch die Stützstrukturentfernung automatisiert werden [5]. In Summe könnte die Inkjettechnologie eine Technologie für eine Großserie sein, wobei innerhalb der Serie auch eine gewisse Variantenvielfalt herrschen kann. Werden nun Teile mit einer Variantenvielfalt hergestellt, muss am Ende aber auch sichergestellt werden, dass das richtige Bauteil in das dafür vorgesehene Fahrzeug eingebaut wird. Damit es bei der Montage zu keiner Verwechslung kommt, sollte automatisiert erkennbar sein, dass der Monteur das richtige Bauteil aus der Bauteilbox nimmt und ins richtige Fahrzeug einbaut. Hierfür bieten sich RFID-Technologien an, welche eine Bauteilerkennung und ggf. auch noch das Schreiben und Lesen von Daten auf einen RFID-Tag ermöglicht [2].

Als Technologiedemonstrator wurde im Rahmen des Projektes der Aufbau eines inkjetgedruckten Bedienelements mit einer gekrümmten Oberfläche und mit integriertem RFID-Tag untersucht. Das Bedienelement soll dabei folgende Funktionen beinhalten:

- Sensorelement mit Touch-Funktion
- Sensorelement mit Funktion eines Sliders
- Elektrische Leiterbahnen zur elektrischen Kontaktierung der Sensorelemente
- Elektrische Kontaktierung zur Peripherie über einen Stecker
- Haptische Oberfläche zur haptischen Erkennung der Sensorbereiche
- RFID-Tag zur Bauteilidentifizierung und zur Speicherung von weiteren Daten

8.2 Untersuchungen zum Inkjetdruck

Zum Aufbau des additiv gefertigten Bedienelements wurde das Inkjetverfahren mit einem piezoelektrischem Druckkopf ausgewählt. Beim piezoelektrischen Inkjetdruck wird über die sogenannte Waveform (ein elektrischer Spannungsimpuls) ein Piezoelement in einer Tintenkammer angeregt. Hierdurch entsteht eine Druckwelle und ein Tropfen wird durch die Düse abgeschieden. Typische Tröpfchengrößen für die industrielle Fertigung sind hierbei je nach Druckkopf im Bereich von 6–80 pl. Druckköpfe zur industriellen Fertigung haben mehrere hundert Düsen, welche alle einzeln angesteuert werden können.

Die Inkjettechnologie besticht hierbei durch eine hohe Auflösung und Design-Flexibilität, da das Drucklayout durch eine Bilddatei vorgegeben wird. Weiterhin können viele verschiedene Materialien verdruckt werden. Dies reicht von strukturgebenden Polymermaterialien, flexiblen Materialien, elektrisch leitfähigen und halbleitenden Materialien bis hin zu sensitiven Materialien und resistiven Materialien für z. B. Ätzresists. Zudem besteht auch die Möglichkeit bei Verwendung mehrere Druckköpfe mehrere Materialien parallel zu drucken. Weiterhin ist es möglich Kavitäten zu drucken, danach den Druckprozess anzuhalten, um z. B. ein Bauteil einzulegen und anschließend weiter zu drucken. Und durch nebeneinander und hintereinander Anordnung von Druckköpfen ist dieser Prozess sehr gut skalierbar und eignet sich auch für eine Fertigung in größeren Stückzahlen.

Im Rahmen der Aktivität wurde zum Drucken des Gehäuse- und Supportmaterials ein Laborinkjet n.jet lab von Notion Systems mit Sapphire QS-256/80 AAA Druckköpfen mit einer Nenntröpfchengröße von 80 pl eingesetzt. Ungefähr 100 mm hinter den Druckköpfen befindet sich eine UV-LED-Lampe mit 395 nm Wellenlänge, um die UV-härtenden Polymere unmittelbar nach dem Druck zu vernetzen. Zum Drucken der leitfähigen und Sensorstrukturen wurde ein Dimatix Material-Drucker DMP2830 und DMC-11.610 Druckköpfe mit 16 Düsen und mit 10pl Nenntröpfchengröße verwendet. Als Layout wird in beiden Fällen eine schwarz-weiße Bilddatei benötigt, wobei ein schwarzer Pixel in der Bilddatei ein gedruckter Tropfen auf dem Substrat entspricht.

Als Material für die Grundstruktur des Bedienelements wurde ein bei 395 nm UV-härtendes Polymer auf Acrylbasis mit schwarzem Farbstoff verwendet. Zur Herstellung der Hinterschnitte wurde ein wasserlösliches Supportmaterial eingesetzt. Zum Drucken der Leiterbahnen und der Sensorelemente wurden 2 verschiedene nanopartikuläre Silbertinten untersucht.

Zum Aufbau dreidimensionaler Bauteile wird das CAD-Modell schichtweise in 20µm Abständen durchschnitten, wobei für jede Schicht eine Bilddatei mit einer Auflösung von 500×450 dpi erzeugt wird. Die entstandenen Bilddateien werden dann wie in Abb. 8.1 gezeigt nacheinander aus einem UV-härtendem Polymer (blau) und einem Supportmaterial (magenta) gedruckt. Zum Drucken der leitfähigen Strukturen wurde eine Auflösung von 1025×1025 dpi verwendet.

Zum Einbetten der RFID-Tags in den inkjetgedruckten 3D Körper wurden als Voruntersuchung verschiedene Einbettstrategien betrachtet (Abb. 8.2a). In Variante 1 wird zuerst eine Kavität gedruckt, welche etwas größer als der RFID-Tag ist, sodass dieser im zweiten Schritt problemlos eingelegt werden kann. Als letzter Schritt wird ein Deckel aufgedruckt.

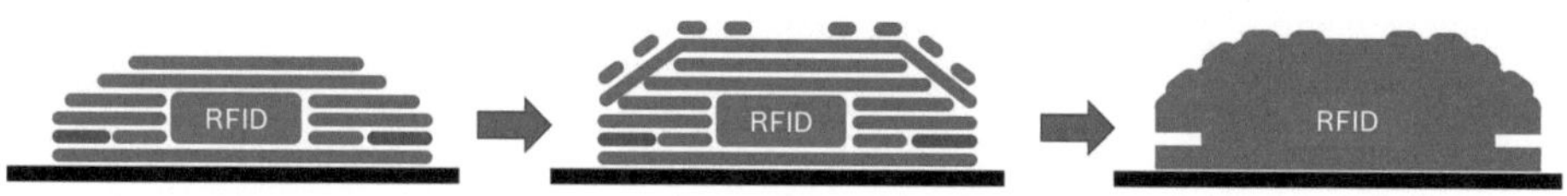

Abb. 8.1 Schematische Darstellung eines 3D gedruckten Bedienelements mit der schichtweisen Umsetzung für den Inkjetdruck. (Quelle: Bosch)

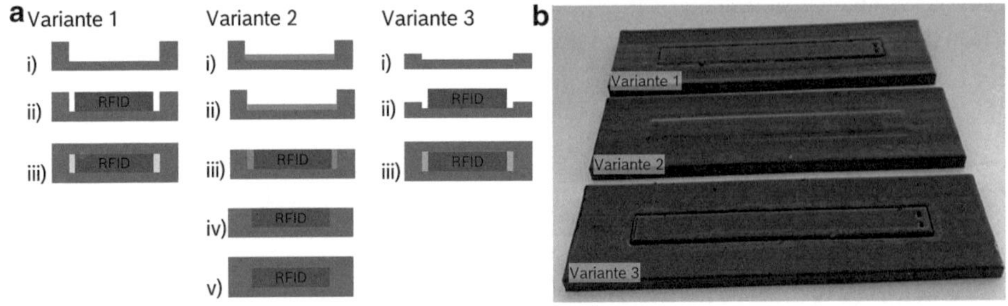

Abb. 8.2 Untersuchte Strategien zum Einbetten eines RFID-Tags in einen inkjetgedruckten 3D-Körper. (Quelle: Bosch)

Bei Variante 2 wird nach dem Drucken der Kavität unausgehärtete Tinte in die Kavität gedruckt. Die Tintenmenge entspricht dabei der Differenz aus Volumen der Kavität und dem Volumen des RFID-Tags. Wird nun im nächsten Schritt der RFID-Tag in die Kavität bestückt, füllt sich der Spalt zwischen Gehäuse und RFID-Tag und es bildet sich ein ebener Meniskus aus. Final wird wieder der Deckel aufgedruckt.

Bei Variante 3 wird zuerst der Boden des Gehäuses inkl. den ersten Schichten der Wandung als Ausrichthilfe für den RFID-Tag gedruckt. Anschließend wird der RFID-Tag positioniert und der Rest der Wandung und der Deckel gedruckt.

Bei Variante 1 und Variante 3 bilden sich auf der Oberfläche Rillen ab, da beim Drucken die unausgehärtete Tinte in den Spalt zwischen Wandung und RFID-Tag fließen kann (Abb. 8.2b). Bei Variante 2 hingegen entsteht eine geschlossene Oberfläche. In den Vorversuchen war die Kavität etwas zu niedrig ausgeführt, sodass im Bereich des RFID-Tags eine leichte Erhöhung entstand.

Um die notwendigen Leiterbahnen und die Sensorstrukturen auf der gekrümmten Oberfläche des Bedienelements auslegen zu können, wurde zuerst untersucht, auf welche Oberflächensteigungen und -krümmungen überhaupt Leiterbahnen realisiert werden können. Weiterhin wurde untersucht bei welchen Abständen zwischen Druckkopf und Substrat noch ein vernünftiges Druckergebnis möglich ist. Dies ist notwendig, da beim Inkjetdruck der Druckkopf aufgrund seiner Größe nicht der Substratoberfläche nachgeführt werden kann, sondern in der Regel der Abstand zwischen Substrattisch bzw. -halter und Druckkopf konstant gehalten wird. Das heißt, dass beim Bedrucken von gekrümmten Flächen der Abstand zwischen Substrat und Druckkopf und somit der Flugweg der Tropfen unterschiedlich ist. Der optimale Druckabstand für den verwendeten Druckkopf ist zwischen 0,6–1 mm. Untersucht wurden Druckabstände bis 6 mm, Oberflächenneigungen zwischen 15–40° und Krümmungsradien zwischen 0,2–5 mm. Die Untersuchungen wurden mithilfe von Probekörpern, wie in Abb. 8.3a dargestellt, durchgeführt, wobei zwei sich vor allem im Lösungsmittel unterscheidenden Silbertinten eingesetzt wurden.

Abb. 8.3b und c zeigen in der ersten Zeile das unterschiedliche Benetzungsverhalten der beiden Tinten nach dem Drucken auf ein geneigtes Substrat (Zeile 1), wobei von oben

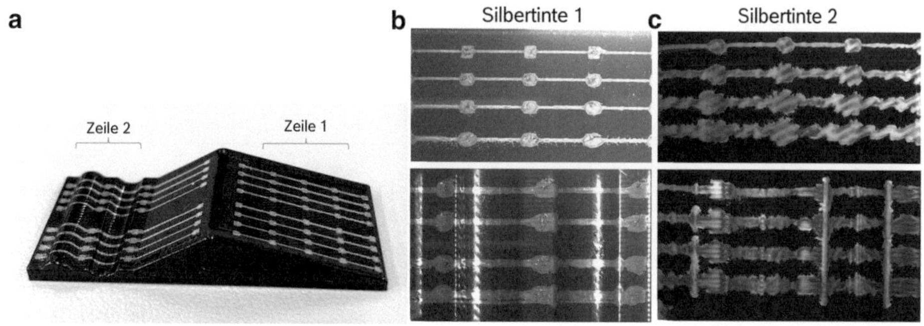

Abb. 8.3 a) Bedrucktes 2,5D-Testsubstrat mit unterschiedlich geneigten Flächen und runden Kanten mit aufgedruckten Leiterstrukturen aus Silbertinte 1. b) Druckergebnisse mit Silbertinte 1 und c) Silbertinte 2 auf geneigten Flächen (Zeile 1) und unterschiedlichen Rundungen (Zeile 2) (Quelle: Bosch)

nach unten die Anzahl der gedruckten Lagen von 1 auf 4 erhöht wurden. Mit Silbertinte 1 (Abb. 8.3b) können aber durchaus gute Druckergebnisse auch bei größeren Druckabständen bis ca. 6 mm erzielt werden. Um leitfähige Strukturen zu erhalten, mussten jedoch mindestens 3 Lagen gedruckt werden. Weiterhin sollten die Leiterbahnen für größere Druckdistanzen mindestens 300 µm breit sein, um Unterbrechungen in den Leiterbahnen zu vermeiden. Silbertinte 2 (Abb. 8.3c) benetzt zu gut, sodass sich kein gutes Druckbild ergibt und die Gefahr von Kurzschlüssen besteht.

8.3 Auslesen der inkjetgedruckten Touch-Funktion

In der Literatur gibt es diverse Lösungen, um eine Berührung zu erfassen. Durch die Erreichbarkeit modernster Microcontrollertechnologie hat sich die Detektionsmethode, welche auf der Messung der Kapazitätsänderung zwischen der Touch-Elektrode und des menschlichen Körpers basiert, durchgesetzt. Fast alle Mikroelektronikhersteller haben solche integrierten Schaltungen zusammen mit den dazugehörigen Evaluation Boards im Sortiment. Dabei schieben die Microcontroller Ladungen mit einem konstanten Strom auf die Touch-Elektrode und messen die Zeit, bis die Elektrodenspannung einen vordefinierten Pegelwert erreicht. Anhand dieser Ladungszeit wird die Kapazität bzw. die Kapazitätsänderung zurückgerechnet:

$$I_c = const.; Q = I_c \Delta t; C = \frac{Q}{U_{ref}} = \frac{I_c}{U_{ref}} \Delta t; C \sim \Delta t (8.1) \quad (8.1)$$

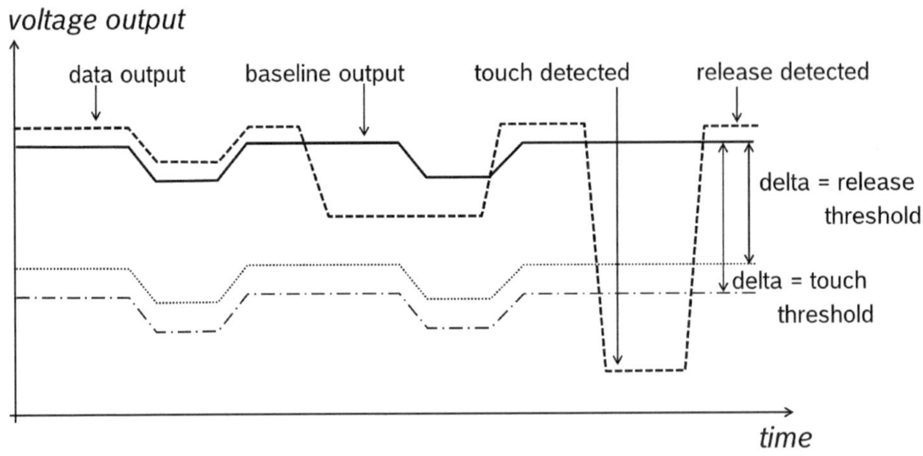

Abb. 8.4 Erfassung von Touch/Release Events. (Quelle: Bosch)

In der Realität ändert sich die gemessene Kapazität nicht nur durch die Berührung, sondern auch durch andere Faktoren, wie, z. B. durch Schwankungen in der Luftfeuchtigkeit oder durch die Alterung der Elektroden. Aus diesem Grund wird kein konstanter Referenzspannungswert angewendet, sondern es findet eine Autokalibrierung während des Betriebs statt (Abb. 8.4).

Zur Eventerkennung läuft das Elektrodensignal durch zwei Digitalfilterstufen. Das Referenzsignal wird aus dem Elektrodensignal generiert, indem es noch durch die zweite Digitalfilterstufe läuft. Dieses Signal wird entweder durch einen sogenannten Touch- oder durch ein Release-Threshold verschoben. Sowohl diese Threshold-Werte als auch die Debounce-Trägheit kann man durch die Änderung der entsprechenden Microcontroller-Registerwerte einstellen. Durch die zusätzliche Filterstufe ändert sich das Referenzsignal langsamer als der Touch-Signalwert. Diese Trägheit reicht aus, um die oben genannten Effekte, die zum Sensor-Drift führen, zu kompensieren. Erfolgt dagegen eine abrupte Änderung des Touch-Signals, welche zum Über- oder Unterschreiten des Touch/Release-Thresholds führt, wird das entsprechende Trigger-Signal ausgelöst.

Zur Realisierung eines Touch-Controls gibt es verschiedene Technologien. Für die Auswahl einer geeigneten Hardware-Konfiguration müssen folgende Aspekte mitberücksichtigt werden.

- Komplexität der Schaltung: Wie viele Sensor und Aktoreinheiten müssen miteinander kommunizieren? Welche Kommunikationsprotokolle werden dabei verwendet?
- Anforderungen an die Geschwindigkeit/Dynamik: Welche Latenz wird noch toleriert, wo liegt die Grenzfrequenz des Signals?
- Stromverbrauch, vorhandene Spannungsquelle, Energieautarkie, Einschränkungen wegen Wärmeentwicklung

- High-Level Funktionen: Überwachung des Programmablaufs, Konnektivität (Wifi, Bluetooth, Anschluss an Monitor, ...), zusätzliche Funktionen (Testautomatisierung, Versionierung, usw.)

Als Ergebnis der Anforderungsanalyse wurde die in Abb. 8.5 gezeigte Konfiguration zusammengestellt. Das System beinhaltet folgende Komponente:

- 3D-gedruckter Demonstrator: Eine Empfehlung für das Elektrodenlayout wurde anhand der relevanten Literatur und anhand der Design Guideline des mpr121 ausgearbeitet. Das Dokument enthält Empfehlungen unter anderem für die optimale Fläche einer Touch-Oberfläche, für den Abstand zwischen den Elektroden und für den Abstand zwischen den Zuführungen.
- Raspberry Pi 4B/8 GB (im Weiteren Single Board Computer (SBC)): Die Steuerungseinheit des Demonstrators. Auf dem Linux-basierten Betriebssystems läuft ein python3-Interpreter.
- mpr121: Die mikrocontrollerbasierte Schaltung überwacht die Kapazitätsänderungen, die durch einen Touch-Event auf dem gedruckten Demonstrator erfolgen. Das mpr121 kommuniziert mit dem SBC durch ein I2C-Protokoll.
- NeoPixel LED-Ring: Jede RGB-LED auf dem Ring ist durch einen WS2812B IC gesteuert. Die Kommunikation mit dem SBC läuft durch das SPI-Protokoll. Für die Steuerung der Neopixel-LEDs empfiehlt der Hersteller Adafruit einen Echtzeitprozessor. Es wurde allerdings im entsprechenden CircuitPython-Verzeichnis ein Direct-Memory-Access-Vorgang (DMA) implementiert, welche die Verwendung von SBC als Steuerungseinheit ermöglicht.

Ergänzende Funktionalitäten:

- Gehäuse: Der SBC wurde in einem dreiteiligen PBT-Raspberry-Gehäuse integriert.
- Stromversorgung: Das Raspberry-Netzteil wurde durch einen USB-C-Buchse am SBC angeschlossen. Da der Stromverbrauch der Neopixel-LED, insbesondere bei größeren Lichtketten, den für den Raspberry-GPIO zugelassenen Laststrom von 16 mA deutlich übersteigen kann, wurde der Ausgang des Netzteils direkt am Neopixel-Ring angeschlossen.
- Kühlung: Alle IC-s des SBC wurden mit Aluminiumkühlrippen versehen. Darüber hinaus wurde ein PWM-gesteuerter Lüfter in das Gehäuse eingebaut, der seine Drehzahl in Abhängigkeit der Prozessortemperatur variiert.

Über die oben beschriebenen Komponenten hinaus ist die Schaltung mit einem Druckknopf ergänzt worden. Mit diesem Druckknopf ist es möglich den Rechner ordnungsgemäß herunterzufahren. In Abb. 8.5 (grün) ist der Signalpfad für die Elektroden des inkjetgedruckten Demonstrators. Da diese Leitungen besonders störempfindlich sind,

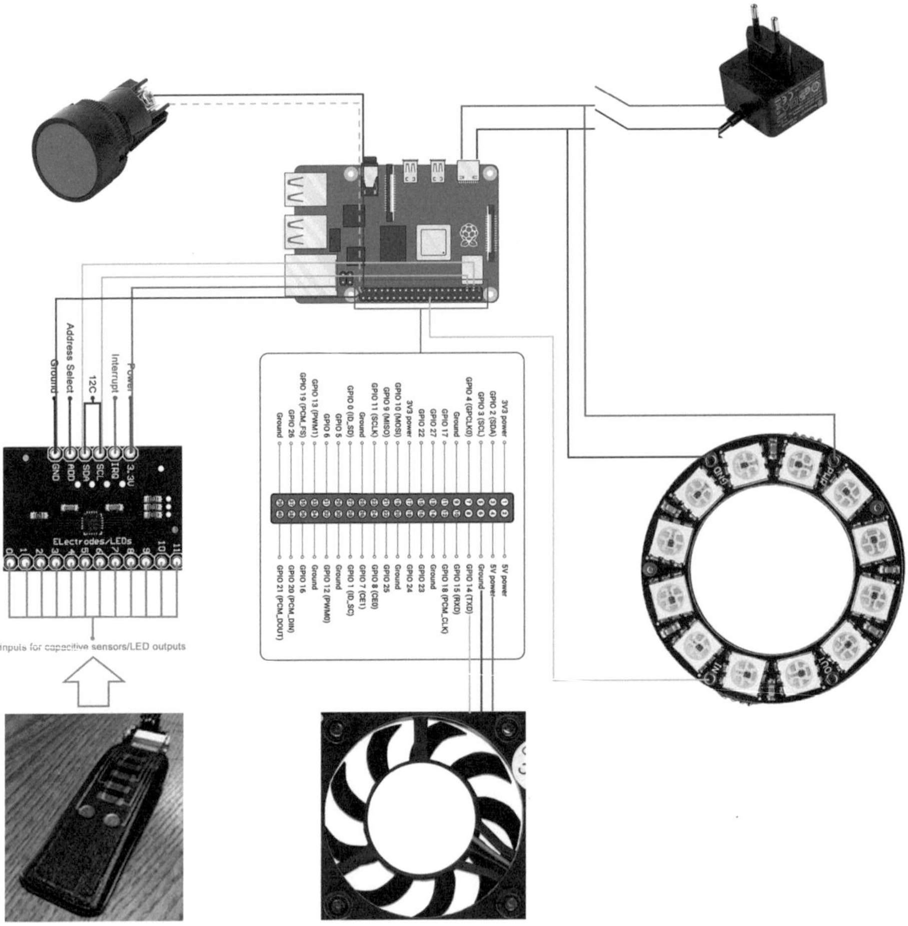

Abb. 8.5 Wiring-Diagramm des Touch-Controls. (Quelle: Bosch)

wurden sie so kurz wie möglich gehalten. Aus diesem Grund wurde der mpr121 Touch-Controller direkt (Abstand <20 mm) an den 3DP-Demonstrator angeschlossen.

Die Steuerungssoftware für den Controller wurde im Python-Skript mpr121_neopixel_3D.py implementiert. Für die Softwareentwicklung wurde das IDE Visual Studio Code verwendet. VS-Code bietet diverse Funktionen, die in den vorinstallierten Raspbian-IDEs (z. B. Thonny und Geany) nicht vorhanden sind und dadurch für die Softwareentwicklung Vorteile bieten.

Um die Parameter der kapazitiven Messsoftware für den mpr121 richtig einstellen zu können, wurden Voruntersuchungen durchgeführt. Hierzu wurde das Elektrodensignal zusammen mit dem Referenzsignal auf demselben Zeitdiagramm dargestellt (Abb. 8.6). Die blauen Sternchen zeigen dabei vier tatsächliche Touch-Events, d. h. diese wurden

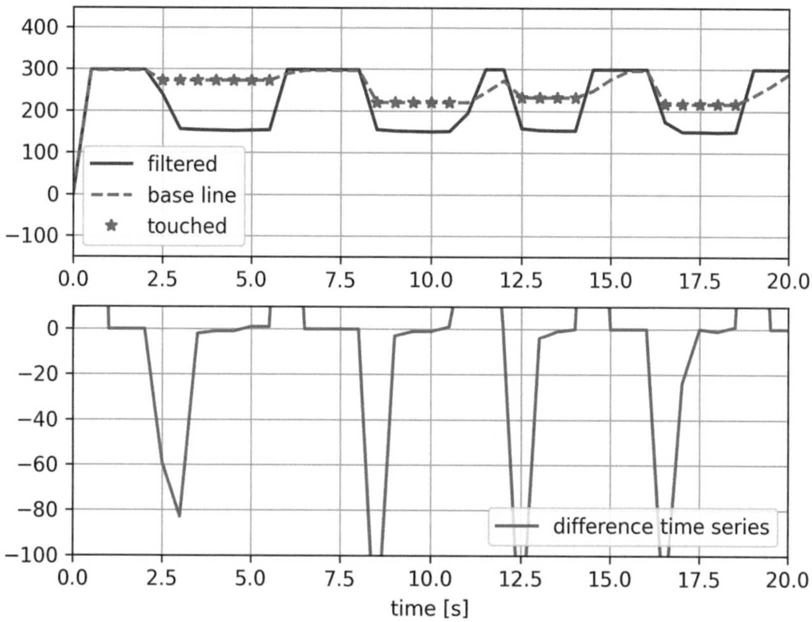

Abb. 8.6 Darstellung des Elektroden- und Referenzsignals, Fall 1. (Quelle: Bosch)

vom mpr121 richtig erfasst. Auf dem unteren Diagramm ist das zeitliche Differenzsignal (x_t-x_{t-1}) der Elektrode zu sehen. Hierbei zeigt sich, dass die Kapazitätsänderungen in allen vier Fällen schnell erfolgten.

Abb. 8.7 zeigt einen weitere Testmessung. Im Zeitintervall 0–10 s sind die Kapazitätsänderungen kleiner bzw. erfolgen die Änderungen langsamer. Dementsprechend werden keine Touch-Events ausgelöst, sondern das Referenzsignal folgt dem Elektrodensignal mit einer gewissen Zeitverzögerung, welche durch die zusätzliche Filterstufe verursacht wurde. Das mpr121 nimmt die Änderungen im Elektrodensignal als Sensordrift wahr, und passt das Referenzsignalniveau entsprechend an. Zum Zeitpunkt 12 s findet eine abruptere Änderung des Elektrodensignals statt, der Absolutwert des Differenzsignals erreicht das Maximum der betrachteten Periode und löst damit einen Touch-Event aus. In diesem Fall erfolgt keine abrupte Steigerung des Elektrodensignals. Daher bleibt der True-in-Touch-Zustand bis zum Ende der betrachteten Periode bestehen.

8.4 Idee und Konzept zur kontaktlosen Bauteilerkennung

Um die individualisierten Varianten im additiven Fertigungsverfahren nachverfolgen zu können, wird eine automatisierte Identifikation mittels RFID favorisiert. Im Vergleich zu anderen Auto-ID-Methoden, wie QR-Codes, Barcodes oder Kameras, zeichnet sich RFID

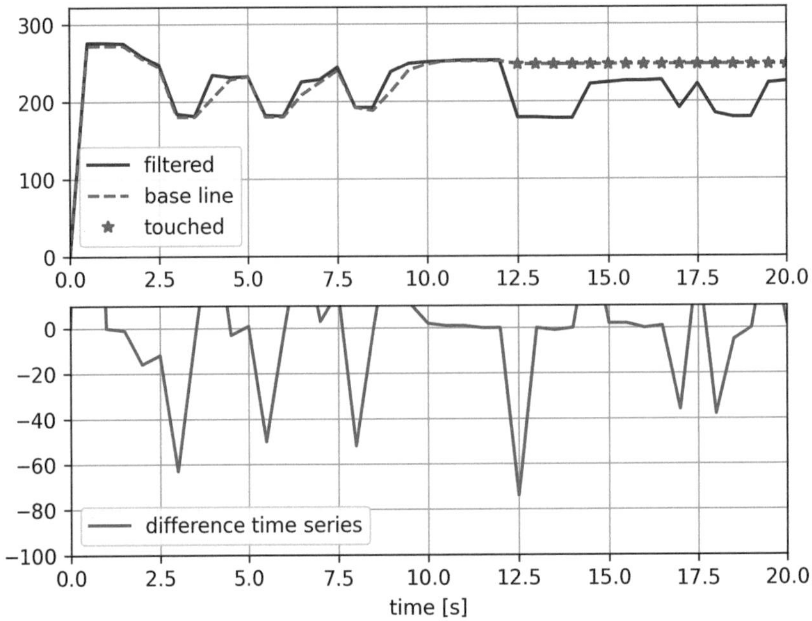

Abb. 8.7 Darstellung des Elektroden- und Referenzsignals, Fall 2. (Quelle: Bosch)

durch eine berührungslose, robuste und lichtunabhängige Arbeitsweise aus. Ein RFID-System besteht aus einem Schreib-/Lesekopf und einem batterielosen RFID-Tag. Letzterer erhält Energie durch die Funkwelle, kann Daten empfangen und senden. Eine präzise Ausrichtung des Tags zum Lesegerät ist dabei nicht notwendig. Ferner kann bei Nutzung von Ultra-High-Frequency-RFID-Systemen (UHF) Multi-Tagging genutzt werden, wobei mehrere Tags von einem Schreib-/Lesekopf gleichzeitig ausgelesen werden können. Hierdurch kann u. a. der Bestand innerhalb einer Kiste bzw. eines Kleinladungsträgers ermittelt werden.

Für die Nachverfolgung der Bauteile wird der hitzebeständige BIS U-180-A0/C0M-HT RFID-Tag von Balluff verwendet. Dieser ist für den Hochtemperatureinsatz bis 225 °C für maximal 12 h geeignet und bietet eine Speicherkapazität von 512 Bits nach dem EPC-Standard (ISO 1800-63). Während des 3D-Druckprozesses werden die RFID-Tags in das Bauteil eingelegt und verbleiben dort über den ganzen Produktlebenszyklus. Bei der Vielfalt der additiv gefertigten Bauteile ist damit eine drahtlose Rückverfolgbarkeit gewährleistet. Darüber hinaus kann der RFID-Tag nicht nur den Bauteilcode enthalten, sondern auch weitere Informationen, wie z. B. Links zu Montageanleitungen oder Hinweise für das spätere Recycling.

Im Rahmen des Projektes wurden mehrere 3D-gedruckte Testbauteile mit integriertem RFID-Tag hergestellt und in einem zweiten Test teilweise mit dem Spritzgussverfahren mit einem Thermoplasten umspritzt [6]. Dabei kamen mehrere verschiedene Drucktechniken wie z. B. selektives Laser-Sintern (SLS), Stereolithografie und Inkjetdruck zum Einsatz. Die fertigen Bauteile (Abb. 8.8) wurden anschließend einer Reihe von Tests unterzogen, um die Auswirkungen der erhöhten Temperatur während des Druckprozesses bzw. dem Umspritzen und des Materials zu untersuchen.

Zur Bestimmung der Funktionsfähigkeit wird die minimale Empfindlichkeit bzw. Turn-On-Power Messung des RFID-Tags mit einem UHF-Xplorer und einer RHCP-Antenne durchgeführt. Die Lesereichweite eines UHF-Tags kann dabei mit Gl. 8.2 berechnet werden.

$$r = \frac{\lambda_0}{4\pi}\sqrt[4]{\frac{k \cdot P_1 \cdot G_{Reader}^2 \cdot G_T^2}{P_2}} (8.2) \qquad (8.2)$$

mit
λ_0 = Vakuumwellenlänge
k = Fehlerfaktor zwischen 0 und 4
P_1 = Sendeleistung/Turn-on-Power
G_{Reader} = Antennengewinn des Schreib-/Lesekopfes
G_T = Antennengewinn des Tags
P_2 = Empfangsleistung

Der Fehlerfaktor k beschreibt die nicht perfekte Anpassung der Antennenimpedanz und Abschlussimpedanz der Tag-Elektronik. Die Größen in Gleichung Gl. 1.2 sind oft unbekannt. Daher wird die Lesereichweite für verschiedene Anordnungen indirekt aus der Sendeleistung ermittelt, die bei einem gegebenen Abstand benötigt wird, um den Tag auszulesen – die sogenannte Turn-On-Power (Gl. 8.3).

$$\frac{r_{int}}{r_{ref}} = \sqrt[4]{\frac{P_{1,ref}}{P_{1,int}}} (8.3) \qquad (8.3)$$

Abb. 8.8 Box mit 3D-gedruckten Kunststoffgehäusen und Schraubenschlüsseln mit SLS- und SLA-Technologie. (Quelle: Balluff)

Ist die Lesereichweite der Referenzkonfiguration bekannt, kann der tatsächliche Leseabstand in der integrierten Konfiguration bestimmt werden. Zur Ermittlung des Kunststoffeinflusses wird die Turn-On-Power in einer reflektionsarmen Kammer ermittelt. Dabei wird die Sendeleistung schrittweise erhöht, bis der Tag genügend Leistung empfängt, um zu antworten. Eine geringe Turn-On-Power ist dabei vorteilhaft, da sie bei gleicher Sendeleistung zu einem höheren Leseabstand führt.

Die Turn-On-Power als Funktion der Sendefrequenz wird für verschiedene integrierte Tags sowie für einen On-Metal-Tag in Referenzkonfigurationen bestimmt. Ein On-Metal-Tag zeigt eine minimale Turn-On-Power bei 865 MHz, während ein freier Tag bei der gleichen Frequenz eine höhere Turn-On-Power erreicht. Wird der Tag in die SLS-Subkomponente integriert, ergibt sich eine niedrigere Turn-On-Power als bei freier Positionierung (Abb. 8.9a). Das Umspritzen mit dem Material MSG2 [6] reduziert die Turn-On-Power auf -9,39 dBm bei 865 MHz, was zu einer Erhöhung der Lesereichweite um 13 % gegenüber der Metallreferenz führt. Die Ergebnisse zur den Turn-On-Power Messungen und mögliche erreichbare Lesereichweite sind in Abb. 8.9 dargestellt. Die Referenz für die Bestimmung der Faktoren ist der On-Metal-Fall.

Für die unmittelbare Bestimmung der Lesereichweite wird derselbe RFID-Reader und dieselbe Antenne wie beim Funktionstest verwendet. Unter konstanter Sendeleistung wird der RFID-Tag nun schrittweise von der Antenne entfernt, um die maximal erreichbare Lesedistanz zu ermitteln.

Die Messergebnisse für die verschiedenen Varianten sind in Tabelle Tab. 8.1 dargestellt. Hier zeigt sich, dass die Lesereichweitenfaktoren gut mit den berechneten Werten aus den Turn-on-Power Messungen übereinstimmen. Bei den Kunststoffgehäusen verschlechtert

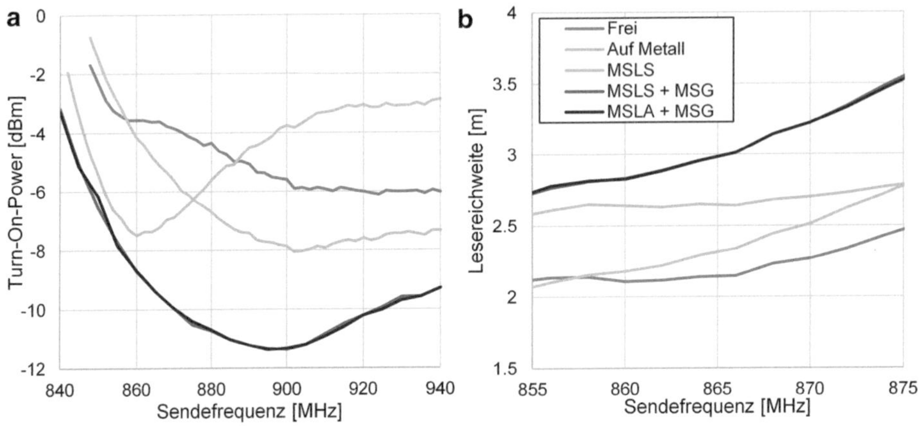

Abb. 8.9 Auswirkung der Integration eines RFID-Tags in verschiedene Konfigurationen. a) Ergebnisse der Turn-On-Power Messung für zwei Referenzkonfigurationen und drei integrierte Positionen. b) Erreichbare Lesereichweite der verschiedenen Konfigurationen in Abhängigkeit der Sendefrequenz. (Quelle: Balluff)

Tab. 8.1 Vergleich Faktor Lesereichweite aus Abstandsmessung und Turn-on-Power

	Lesereichweite [cm]	Faktor Lesereichweite direkt bestimmt aus Abstandsmesswerten	Faktor Lesereichweite bestimmt aus Turn-on-Power
On-Metal Tag (Referenz)	73	1	1
Schraubenschlüssel Variante 1	81	1,11	1,12
Schraubenschlüssel Variante 2	83	1,14	1,12
Schraubenschlüssel Variante 3	83	1,14	1,12
Kunststoffgehäuse Variante 1	51	0,70	0,89
Kunststoffgehäuse Variante 2	54	0,74	0,89

sich der Empfang des RFID-Tags, während sich der Empfang des Schraubenschlüssels im Vergleich zur Referenzmessung verbessert.

Zur Demonstration möglicher Anwendungsfälle im Projekt wurde eine Benutzerschnittstelle entwickelt, die es ermöglicht, die auf dem RFID-Tag gespeicherten Daten zu überprüfen und gegebenenfalls zu aktualisieren (Abb. 8.10). Diese Schnittstelle ermöglicht eine Steuerung des Demonstrators und damit eine einfache Anpassung und Verwaltung der gespeicherten Informationen. Neben der Identifikation des Bauteils (Variantenmanagement) können in der Benutzerschnittstelle des RFID-Lesegeräts auch weitere Informationen gespeichert werden, wie z. B. Informationen zum Life-Cycle-Management (inkl. Recycling) oder Hinweise zur Installation und Konfiguration.

8.5 Demonstration Bedienelement in Armlehne

Anhand der Ergebnisse der Voruntersuchungen zum Inkjetdruck und der Auswertung der Touchfunktion wurde ein Demonstratordesign entworfen. Abb. 8.11 zeigt den schrittweisen Aufbau des Bedienelements in der Inkjetanlage. Da das Innere der Anlage vor UV-Strahlung durch eine UV-Schutzfolie geschützt ist, erscheinen die Bilder entsprechend gelblich. Abb. 8.11a zeigt den ersten Druckabschnitt bis zum Einlegen eines kurzen Flachbandkabels in die hierfür freigelassene Kavität (Abb. 8.11b). Im zweiten Druckabschnitt wird das Flachbandkabel eingedruckt, wobei der Bereich zu den Kontaktpads freigelassen wird. Weiterhin wird hier eine Kavität zum Einlegen des RFID-Tag freigelassen (Abb. 8.11c). Am Rand des Bauteils ist das weiße Supportmaterial zu erkennen, welches nach dem Drucken des Bedienelements in einem Wasserbad wieder entfernt

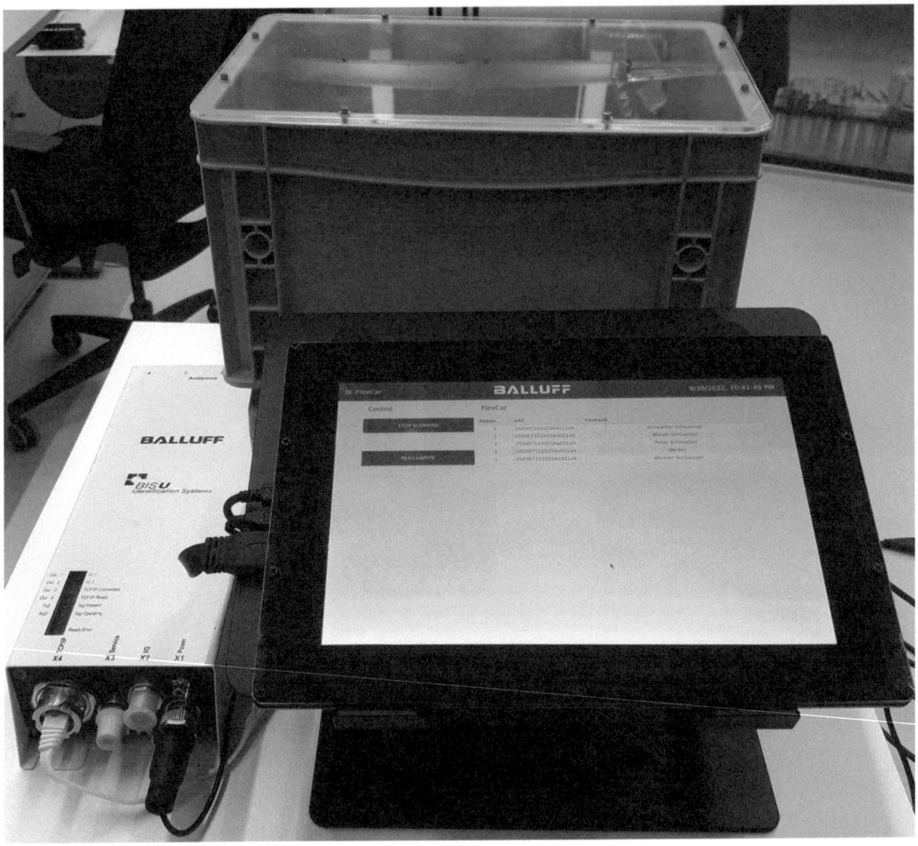

Abb. 8.10 Demonstrator Aufbau. (Quelle: Balluff)

wird. Anschließend wird der RFID-Tag eingelegt (Abb. 8.11d) und der Spalt zwischen RFID-Tag und dem gedruckten Polymer in einem Dispensschritt mit Tinte aufgefüllt (Abb. 8.11e). Im dritten Druckabschnitt wird das Bauteil bis zum bevorstehenden Leiterbahndruck weiter aufgebaut, wobei die durch den Schichtaufbau resultierende raue Oberfläche durch eine speziellen Glättungsdruck eingeebnet wird. Anschließend wird das Leiterbahn- und Sensorlayout auf das Bedienelement aus der ausgewählten Silbertinte aufgedruckt (Abb. 8.11g). Um eine entsprechende Leitfähigkeit zu erreichen, benötigt die Silbertinte eine thermische Nachbehandlung von min. 150 °C für 30 min. Im letzten Schritt werden die Leiterstrukturen noch mit mehreren Lagen bestehend aus dem UV-härtendem Polymer überdruckt (Abb. 8.11h). Für den Demonstrator wurde hierbei eine semitransparente Tinte gewählt, sodass man die Leiterbahnen und Sensorelemente noch erkennen kann. Man könnte hier auch eine weniger transparente Tinte verwenden, sodass die Leiterstrukturen optisch nicht mehr erkennbar sind. Als letzte Schicht wird noch eine

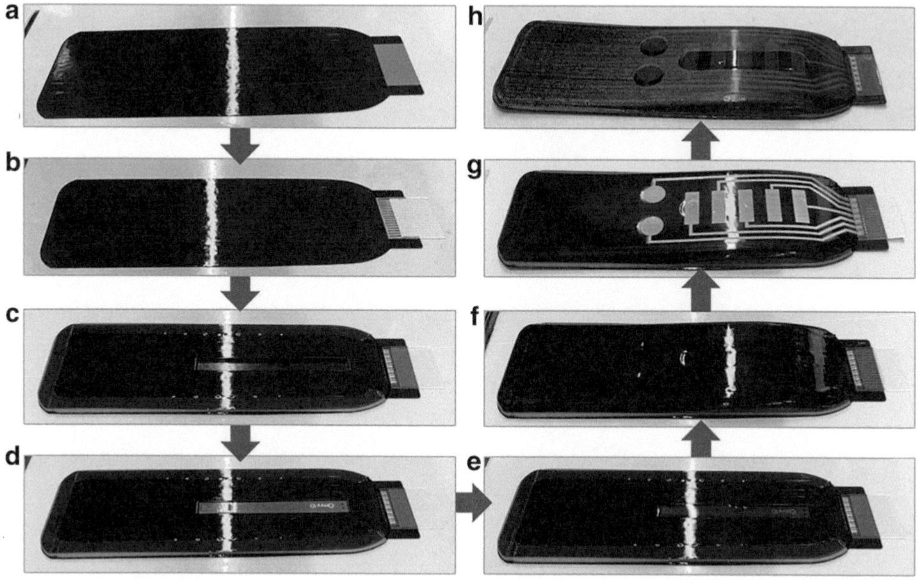

Abb. 8.11 Schrittweiser Aufbau des inkjetgedruckten Bedienelements mit integriertem RFID-Tag. (Quelle: Bosch)

ca. 20µm dicke haptische Oberfläche aufgedruckt, um eine entsprechende Rauheit zu erzeugen. Im Bereich der Sensorelemente wird ein Glättungsdruck verwendet, sodass hier eine besonders glatte Oberfläche entsteht. Somit sind die Sensorelemente sowohl optisch wie auch haptisch sehr gut auf dem Bedienelement zu erkennen (Abb 8.11h).

Zur Demonstration wurde das gedruckte Bedienelement in eine typische Armlehne für Fahrzeuge integriert und mit einem Stecker im Inneren der Armlehne mit dem *mpr121* und außerhalb der Armlehne mit dem SBC verbunden. Zur Demonstration wurde ein kommerziell erhältlicher LED-Ring verwendet, welcher noch mit einer inkjetgedruckten Abdeckung gedeckelt wurde. Mit dem Bedienelement ist es nun möglich, die LEDs ein- und auszuschalten, sowie die Lichtintensität zu regeln. Die Farbe des Lichts der Ring-LED kann sich ringförmig farblich ändern. Mithilfe des Sliders kann die Geschwindigkeit sowie die Richtung der Bewegung gesteuert warden (Abb 8.12).

8.6 Zusammenfassung und Ausblick

Im Rahmen des Projekts konnte der Aufbau eines inkjetgedruckten dreidimensionalen Bedienelements gezeigt werden, welches in eine Armlehne integriert wurde. Zur Touch-Detektion konnten auf Silbertinte basierte kapazitive Sensorstrukturen aufgedruckt werden, welche über gedruckte Leiterstrukturen und ein ankontaktiertes Flachbandkabel

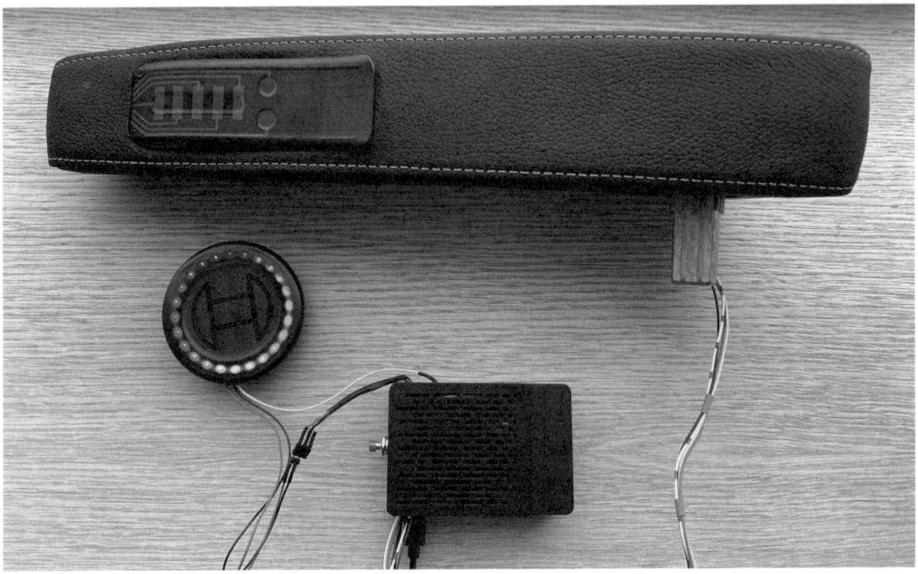

Abb. 8.12 In eine Armlehne Implementiertes gedrucktes Bedienelement mit Steuereinheit und steuerbarer LED-Beleuchtung. (Quelle: Bosch)

mit der Auswerteeinheit und dem Raspberry Pi verbunden wurden. Zum Bedienen wurde eine haptische Oberfläche vorgesehen, sodass der Sensorbereich mit dem Finger erfühlt werden kann. Das Bedienelement wurde in eine Armlehne integriert und konnte mithilfe eines Programms zur Erkennung der Touch-Events und einer Steuerung ein LED-Element bedienen.

In das Bedienelement wurde zudem ein RFID-Tag während des additiven Aufbaus integriert. Mithilfe des RFID-Tags ist eine Bauteilidentifikation auch auf Entfernungen von über einen halben Meter möglich. Die RFID-Technologie stellt somit eine datenbasierte Lösung dar, um die Variantenvielfalt in der automatisierten und individualisierten Massenproduktion zu bewältigen. Zudem können weitere Informationen, wie z. B. Links zu Montageanleitungen oder Hinweise für das spätere Recycling direkt in das Bauteil integriert werden.

Werden die Technologien Inkjetdruck, UV und thermische Härtung, Bestückung und Dispensen in eine Fertigungsanlage integriert, besteht großes Potenzial, um eine wirtschaftliche Großserienfertigung von Bedienelementen oder vergleichbaren Bauteilen zu ermöglichen. Im Vergleich werden klassisch gefertigte Bauteile aus vielen Einzelkomponenten zusammengebaut, welche mit den unterschiedlichsten Verfahren hergestellt werden. Oft ist hier auch noch eine teilweise manuelle Montage notwendig. Der volladditive Ansatz ermöglicht eine deutlich flexiblere Fertigung von Bauteilen bezüglich Geometrie, Farbe und Funktion im Vergleich zu konventionellen Fertigungsverfahren.

Die zu erwartenden höheren Materialpreise für die Tinten können ggf. durch die zusätzliche Funktionsintegration und dem Entfall der manuellen Montage amortisiert werden. Dies muss im nächsten Schritt u. a. neben Untersuchungen zur Zuverlässigkeit und Reproduzierbarkeit noch nachgewiesen werden.

Literatur

1. Cheng, Y. L., & Huang, K. C. (2020). Preparation and characterization of color photocurable resins for full-color material jetting additive manufacturing. *Polymers*, *12*(3), 650.
2. [RFID-Handbuch] Klaus Finkenzeller, RFID-Handbuch, Hanser, 2023.
3. Cummins, G., & Desmulliez, M. P. (2012). Inkjet printing of conductive materials: a review. *Circuit world*, *38*(4), 193-213.
4. Salim, A., & Lim, S. (2017). Review of recent inkjet-printed capacitive tactile sensors. *Sensors*, *17*(11), 2593.
5. Muthuram, N., Madhav, P. S., Vasan, D. K., Mohan, M. E., & Prajeeth, G. (2022). A review of recent literatures in poly jet printing process. *Materials Today: Proceedings*, *68*, 1906-1920.
6. Schlotthauer et al., Teilindividualisierte und nachverfolgbare Spritzgussbauteile durch in situ Anbindung additive hergestellter Subkomponenten, Stuttgarter Kunststoffkolloquium, 2021, Seite 25 bis 32.

Architektur des OnBoard- und OffBoard-Netzwerks

9

Jens Wizl, Lukas Block, Johannes Koppenberg, Thomas Riemer, Gao Kun, Dan Greiner und Jürgen Dettling

J. Wizl (✉)
Mobility Transformation, Universität Stuttgart, Institut für Arbeitswissenschaft und Technologiemanagement IAT, Stuttgart, Deutschland
E-Mail: jens.wizl@iat.uni-stuttgart.de

L. Block
Mobility Transformation, Fraunhofer-Institut für Arbeitswirtschaft und Organisation IAO, Stuttgart, Deutschland
E-Mail: lukas.block@iao.fraunhofer.de

J. Koppenberg
Nokia, Sersheim, Deutschland
E-Mail: johannes.koppenborg@nokia.com

T. Riemer (✉) · G. Kun
Automotive Mechatronics, FKFS – Forschungsinstitut für Kraftfahrwesen und Fahrzeugmotoren Stuttgart, Stuttgart, Deutschland
E-Mail: thomas.riemer@fkfs.de

G. Kun
E-Mail: jkun.gao@fkfs.de

D. Greiner
Automotive Mechatronics, IFS – Institut für Fahrzeugtechnik Stuttgart/Universität Stuttgart, Stuttgart, Deutschland
E-Mail: dan.greiner@fkfs.de

J. Dettling
DXC Technology, Böblingen, Deutschland
E-Mail: juergen.dettling@dxc.com

A. Gerlicher und M. Lahres (Hrsg.), *FlexCAR*, ARENA2036,
https://doi.org/10.1007/978-3-662-69750-4_9

9.1 Motivation

Die Anforderungen an zukünftige Fahrzeuge verschieben sich zunehmend von einer reinen Hardware-Ausrichtung hin zu flexiblen Softwarelösungen. Dieser Wandel ermöglicht es, schnell und effizient auf sich ändernde Anforderungen an Rechenkapazität, Funktionserweiterungen, Updates oder sogar Hardwareausfälle zu reagieren. Die dafür notwendige Flexibilität muss in der Entwicklungsphase in das Produkt integriert werden und kann auch nach der Markteinführung z. B. durch Software-Updates erweitert oder ausgeübt werden. Dementsprechend ist es relevant, einen auf Flexibilität fokussierten, offenen Entwicklungsprozess zu etablieren, der die Entwicklung und Implementierung offener Schnittstellen für Hard- und Software ermöglicht. Die offene Kommunikation mit externen Geräten stellt gleichzeitig eine Grundvoraussetzung für Software-Updates und die Vehicle-to-Everything-Konnektivität (V2X) dar. Für das FlexCAR-Projekt war daher eine flexible Kommunikationsarchitektur sowohl fahrzeugintern sowie auch fahrzeugextern von großer Bedeutung. Über die 5G-Technologie wurde daher eine Kommunikation in die Indoor-ARENA2036-Forschungsumgebung vorgenommen. Eine kontinuierliche Verbesserung bestehender Algorithmen, der Datenaustausch mit internen Sensoren sowie die Einbindung fahrzeugexterner Sensoren über die Systemgrenzen hinweg stellen dabei hohe Anforderungen an die Flexibilität. Durch den Einsatz einer offenen Entwicklungsplattform und einer softwareorientierten Architektur konnte diese Anforderung erfüllt werden. Der einhergehende zusätzliche Fernzugriff auf das Fahrzeug ermöglicht nicht nur einfachere Wartungs- und Steuerungsfunktionen, sondern auch das Teilen aller OnBoard-Daten für Live-Visualisierungen.

9.2 Potenzialszenarien

Um diesen Herausforderungen zu begegnen, wurde die Konzeption offener, langfristig gültiger Schnittstellen und eine dazu passende Netzwerkkommunikation anhand des Verbundprojektes FlexCAR erforscht. Das »Rolling Chassis« stellt dabei das autonomfahrende Artefakt bereit, um diesen Herausforderungen zu begegnen. In den Forschungsfokus gerieten dabei vier verschiedene Potenzialszenarien, die anhand des Rolling Chassis untersucht werden konnten.

Abb. 9.1 zeigt das erste Szenario und adressiert die verkürzte Produktentstehung. Diese Möglichkeit entsteht aufgrund von over-the-air Updates (OTA) über das 5G Netzwerk um die Hardwareproduktion mit der Softwareentwicklung zu parallelisieren. Software hat eine kurze Produktionszeit (Build) gegenüber ihrer Entwicklungszeit, während in der Mechanik und Elektronik die Produktionsplanung, -vorbereitung und -durchführung entsprechende zeitliche Ressourcen in Anspruch nimmt. Bei Vorausplanung kann dieser Prozess jedoch bereits starten, sobald die Hardware-Anforderungen aus dem Bereich der Software mit hoher Sicherheit bekannt sind. Die Virtualisierung von Steuergeräten in Fahrzeugarchitekturen ermöglicht dabei die weitestgehende Entkopplung der Software von der Hardware. Während die Entwicklung der Hardware sowie die Produktionsplanung, -vorbereitung und -durchführung fortschreitet, kann die Software final entwickelt oder verbessert werden. Sie wird lediglich in einem späten Entwicklungsschritt auf das Fahrzeug aufgespielt. Softwareentwicklungs- und Produktionsprozesse können parallelisiert werden. Ein Risiko entsteht hierbei natürlich, falls die geforderten Hardwareressourcen für die final entwickelte Software nicht ausreichen sollten. Durch Virtualisierung und Aggregation unterschiedlicher Funktionen in sogenannten Zonensteuergeräten kann dieses Risiko gepoolt werden. Im Rahmen einer Dissertation am Institut für Arbeitswissenschaft und Technik der Universität Stuttgart (IAT), die innerhalb des Forschungsprojekts FlexCAR evaluiert wurde, wurde eine entsprechende Entwicklungsmethode zur vorausschauenden Auslegung von Software und elektronischer Hardware erforscht (vgl. [1] und Abschn. 3.8.3).

Abb. 9.2 zeigt das zweite Szenario und adressiert die multiplen Veränderungen, die Fahrzeuge in ihrem Lebenszyklus durchlaufen. Diese Veränderungen können bereits während des laufenden Produktionsprozesses oder kurz nach der Auslieferung sein, die der Individualisierung des Fahrzeugs durch den Kunden dienen. Weitere Veränderungen während der Nutzung, zum Beispiel durch Teileverschleiß oder Unfall, kommen hinzu. Vor dem Hintergrund eines zunehmenden Einsatzes von Sensorik und Software im Fahrzeug steigt damit allerdings ebenfalls die Notwendigkeit, Neukalibrierungen der Sensor- und Softwareparameter aufgrund dieser Veränderungen vorzunehmen. Diese können aus

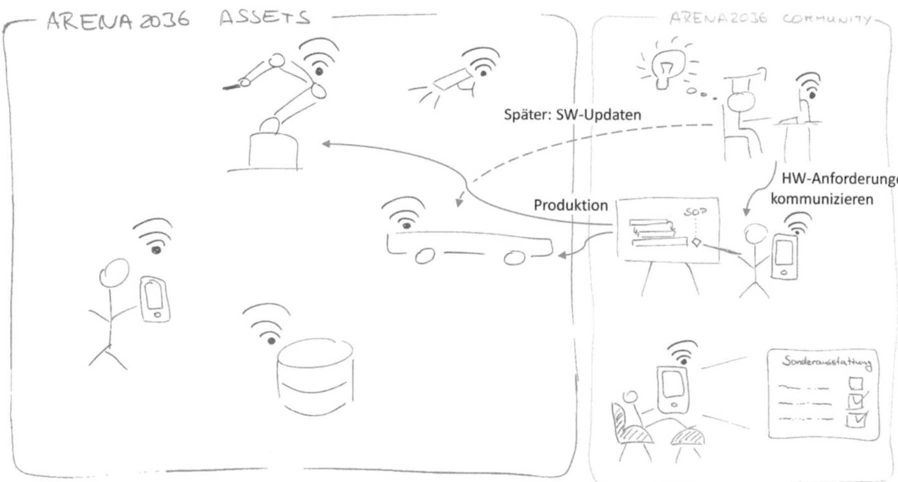

Abb. 9.1 Szenario 1: Verkürzte Produktentstehung. (Quelle: FHG IAO)

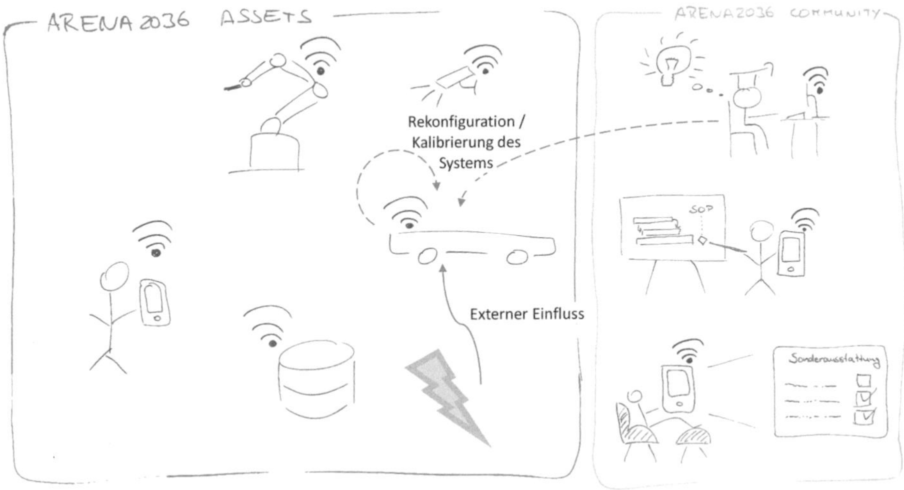

Abb. 9.2 Szenario 2: Rekonfiguration und Kalibrierung. (Quelle: FHG IAO)

marginalen Gründen wie beispielsweise einer Schwerpunktverlagerung des Fahrzeugs aufgrund von Tuning entstehen oder in relevanten Veränderungen und/oder Ausfällen von Teilsystemen beispielsweise im Unfallfall begründet sein. Über die 5G- Luftschnittstelle können in diesem Fall Rekonfigurationen der Softwarekomponenten oder eine Neukalibrierung eines verschobenen Sensors ermöglicht werden, die zumindest eine teilweise Fahrfähigkeit wiederherstellen. Dies ist insbesondere im Fall autonomer Fahrzeuge von zentraler Bedeutung da keine operative Person im Fahrzeug vor Ort ist um agil auf Störungen zu reagieren. Herausfordernd wird in diesem Fall die Sicherstellung der korrekten Funktionsweise nach Neukonfiguration und -kalibrierung. Dies stellt allerdings ein eigenes Forschungsfeld im Bereich der Selbstdiagnose (teil-)automatisierter Fahrzeuge dar und wurde daher nur peripher durch bereits existierende Literatur betrachtet.

Insbesondere bei autonomen Fahrzeugen sind die sogenannten Edge-Cases von zentraler Bedeutung. Dies sind selten auftretende Fälle, die die Systeme des autonomen Fahrzeugs in besonderer Weise bei deren Behebung fordern. Dies kann beispielsweise der Fall sein, wenn die entsprechende Algorithmik oder Künstliche Intelligenz bislang nicht für derartige Fälle ausgelegt und trainiert ist. In derartigen Fällen muss dann der Fahrer manuell eingreifen. Abb. 9.3 zeigt die notwendigen Vernetzungen, um Situationen zu erfassen, zu speichern und im Zweifelsfall mit externer Hilfe zu beheben. Durch eine sichere und öffentliche Vernetzung des Fahrzeugs wird es ermöglicht, derartige Fälle einerseits in einem zentralen Repository als Beschreibung abzulegen, andererseits allerdings ebenfalls die Lösung dieser Sonderfälle durch den menschlichen Fahrer in die einzelnen Fahrzeuge im Bedarfsfall zurückzuspielen. Wird vom autonomen Fahrzeug daher eine entsprechende Edge-Case-Situation erkannt, kann sich dieses im zentralen

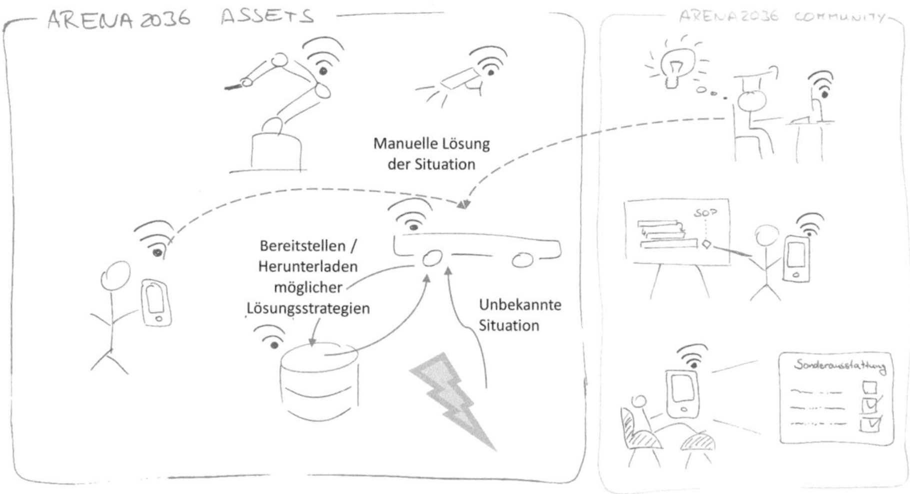

Abb. 9.3 Szenario 3: Schwarmintelligenz und Adaptivität. (Quelle: FHG IAO)

Repository Strategien menschlicher Fahrer in ähnlichen Situationen als Handlungsanweisungen herunterladen und diese ausführen. Die Adaptivität und Flexibilität der autonomen Systeme wird gesteigert. Besonders entscheidend bei dieser Art des OTA-Einsatzes ist insbesondere die Übertragbarkeit der „ähnlichen" Situationen auf die vorliegende Situation sowie die Berücksichtigung der Risiken bzgl. Cybersecurity und funktionaler Sicherheit. Diese Anforderungen können dabei mit der 5G Technologie adressiert werden.

Abb. 9.4 zeigt die Anforderungen des FlexCAR Forschungsprojekts an die Integration des FlexCAR Rolling Chassis in das cyberphysische Forschungsökosystem der ARENA2036 wieder. Das Fahrzeug befindet sich auf einem Testgelände oder Prüfstand, um neue, softwarebasierte Funktionen zu erproben. Dabei kommt es zu einer softwareverursachten Fehlfunktion. Die Vernetzung erlaubt es dem Fahrzeug detaillierte Diagnosedaten an den Forschenden zu übermitteln. Dieser kann daraufhin den Fehler feststellen. Sollte eine unmittelbare Behebung per Software möglich sein, kann diese lokal auf dem Rechner des Forschenden entwickelt und anschließend wieder auf das Fahrzeug aufgespielt werden. Eine Entfernung des Fahrzeugs aus dem Versuchsaufbau ist nicht notwendig. Dies ist insbesondere dann von Vorteil, wenn der Softwarefehler zur Immobilität des Fahrzeugs geführt hat. Diese Art des Szenarios ist allerdings nur dann nutzstiftend, wenn der Fehler vor Ort diagnostiziert und zeitnah behoben werden kann. Zu Realisierung dieses Use-Cases wurde das FlexCAR Rolling Chassis in das Netzwerk der ARENA2036 mit einem 5G-Router eingebunden.

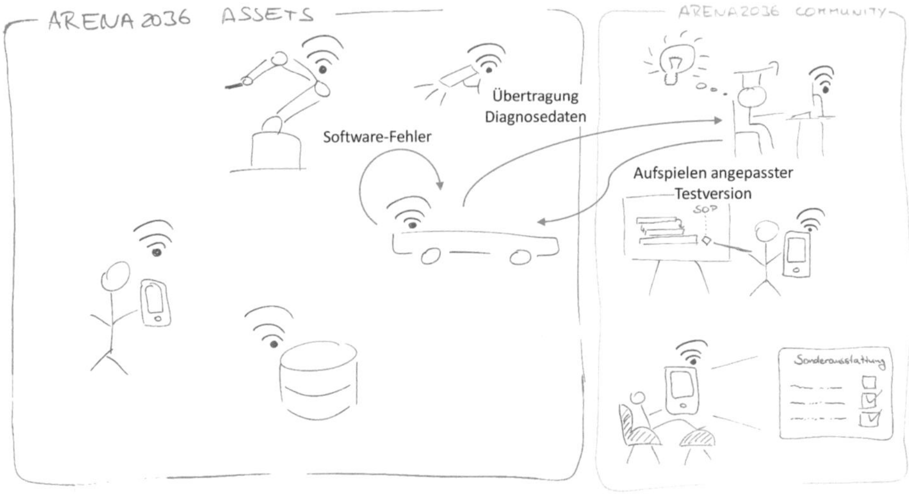

Abb. 9.4 Szenario 4: Flexibilität in der Forschung. (Quelle: FHG IAO)

9.3 Verfahren zur Entwicklung einer flexiblen Software- und Elektronik-Architektur am Beispiel des Rolling Chassis

Um allen Potenzialszenarien gerecht zu werden, wurde die Software- und Elektronik-Architektur des Rolling Chassis mit offenen Hard- und Softwareschnittstellen unter Anwendung einer sogenannten probabilistischen Architektur entworfen. Die probabilistische Architektur beschreibt eine Architekturstruktur, in der spezifische Komponenten je nach zukünftig möglichen Anforderungen und Anwendungsszenarien nur mit einer gewissen Wahrscheinlichkeit verbaut sind. Die Modulstruktur dieser Architektur ist darauf optimiert, dass diese unsicheren Komponenten in separaten Modulen mit spezifischen Schnittstellen gekapselt sind. [1] beschreibt die Idee der probabilistischen Architektur und, wie diese methodisch zu entwickeln sowie die finale Architektur abzuleiten ist. Das Verfahren sowie die Idee wurden am IAT der Universität Stuttgart und am Fraunhofer Institut für Arbeitswirtschaft und Organisation (IAO) u. a. im Rahmen des FlexCAR-Forschungsprojekts entwickelt. Durch die probabilistische Architektur wird die unsichere Weiterentwicklung der Rolling Chassis Software- und Hardware-Architektur in der Architekturkonzeption formal beschreibbar und durchgängig von den Anforderungen bis in die physische Produktstruktur abgebildet. Drei Gestaltungsprinzipien leiten in [1] zusätzlich die Modularisierung und Komponentenauslegung an. Das Verfahren wurde am Rolling Chassis erstmals validiert. Dadurch konnte beispielsweise die zukunftsgerichtete Auslegung der Sensor- oder Rechenressourcen unterstützt und der erwartete Anpassungsaufwand um nahezu 13 % gesenkt werden. Die Flexibilität im Bereich der Kommunikation kristallisierte sich dabei als Kernelement heraus.

9.4 Kommunikationsarchitektur des Rolling Chassis

Die Kommunikationsarchitektur des Rolling Chassis umfasst sowohl die interne Kommunikation (OnBoard) und die externe Kommunikation (OffBoard). Die OnBoard-Kommunikation beschreibt den Datenaustausch zwischen allen Geräten und Instanzen, die auf dem Rolling Chassis verbaut und installiert sind. Daten werden physisch über Ethernet ausgetauscht. Durch die Verwendung einer Service-orientierten Architektur (SOA) sind Softwareinstanzen flexibel im System verwendbar und arbeiten unabhängig voneinander kleinere Arbeitspakete ab und stellen diese wiederum als Service-Dienstleistung im Konglomerat bereit. Software ist daher nicht mehr hardwarespezifisch gebunden und kann ähnlich wie verteilte Systeme operieren. Die Systemarchitektur wird über die Middleware-Architektur umgesetzt, die publisher- und subscriber-seitig agiert. Eine Applikation registriert sich dabei auf bestimmte Services und erhält somit alle relevanten Informationen, die darüber geteilt werden [2]. Die SOA wird im Rolling Chassis über die Middleware Data Distribution Service (DDS) umgesetzt, u. a. mittels RTI connext ®. Die Serviceschnittstellen sind im.idl Format standardisiert und werden mit zusätzlicher Information über Quality of Service (QoS) ausgetauscht. Die OnBoard-Kommunikation erfolgt dadurch interoperabel über Softwareinstanzen, Programmiersprachen und diverse Betriebssysteme hinweg. Eine Kompatibilität zum Robot Operating System 2 (ROS2), oder der AUTOSAR Adaptive Plattform ist dadurch gegeben. Für die OffBoard-Kommunikation vom Fahrzeug zur Cloud bzw. Edge Cloud wird über eine 5G-Verbindung zum Indoor ARENA2036-Forschungsnetzwerk hergestellt. Die Kommunikation innerhalb dieses ARENA2036-Netzwerks erfolgt über das Message Queing Telemetry Transport Protokoll (MQTT).

Sowohl DDS wie auch MQTT arbeiten beide nach dem Publish- und Subskription-Prinzip. Dieses Verfahren ermöglicht eine asynchrone und lose Kopplung von Datenquellen und -empfängern, indem Datensender (Publisher) Daten an das zentrale Netzwerksystem senden und Datenabonnenten (Subscriber) diese Daten, wenn Sie die jeweiligen Nachrichtenformate abonniert haben, empfangen. DDS und MQTT arbeiten jedoch auf Basis unterschiedlicher Protokolle. Daher musste eine Übersetzung der Protokolle erfolgen, um volle Kompatibilität zwischen den OnBoard und OffBoard Systemen herstellen zu können. Hierzu wurde vom IAT der Universität Stuttgart in Zusammenarbeit mit dem Fraunhofer IAO eine DDS2MQTT-Bridge entwickelt. Somit werden standardisierter Nachrichten auf dem OnBoard Netzwerk mit dem MQTT Broker der ARENA2036 geteilt. Informationen auf dem Rolling Chassis können somit extern ausgelesen werden. Die entwickelte Softwarebridge arbeitet bidirektional, wodurch über die MQTT-Schnittstelle die Möglichkeit gegeben ist Informationen bezüglich Position, Objekte sowie Fahrbefehle an das RC weiter zu geben. Nachrichten können damit aus dem RC heraus und auch rein geroutet werden.

Die Kommunikation zur fahrzeugsteuernden Aktorik erfolgt im Rolling Chassis ausschließlich über das User Datagramm Protokoll (UDP). Zur Anbindung von eingebetteter

Hardware unterstützt die Kommunikationsarchitektur daher neben DDS und MQTT auch UDP. Auch hierfür wurde vom IAT der Universität Stuttgart und dem Fraunhofer IAO eine eigene Bridge entwickelt. Diese Bridge operiert ausschließlich zwischen DDS und UDP und übersetzt Steuerbefehle um die Kommunikation mit der dSpace Autobox zu ermöglichen. Das Zwischenschalten einer weiteren Softwareinstanz, die über eine zweite Bridge realisiert werden konnte, bietet zudem eine zusätzliche Fehleranalyse um korrupte Nachrichten zu erkennen und diese aus dem System zu nehmen. Die Sicherheit gegenüber ungewolltem Zugriff mit Einfluss auf das Fahrverhalten wurde somit weiter gesteigert. Auch Fehler interner Instanzen die in das OnBoard Netzwerk im Rahmen von Forschungs- und Entwicklungsarbeiten erfolgen können werden erkannt und verworfen, um keinen negativen Einfluss auf das Fahrverhalten ausüben zu können.

Die für einen autonomen Fahrbetrieb notwendige Regelung der Fahrfunktionen, der Sensorik/Aktorik, der Datenaufbereitung und Verwertung erfolgt jeweils intern über eigens im Projekt entwickelte Softwarekomponenten. Auch diese sind über entsprechend definierte Schnittstellen und die SOA miteinander verbunden. Aufgrund der SOA-Kommunikationsarchitektur können diese Softwarekomponenten jedoch auch beliebig innerhalb des Fahrzeugs zwischen den Hardwareinstanzen verschoben werden. Die DDS2MQTT-Bridge ermöglicht es zusätzlich, dass Softwareinstanzen auch flexibel außerhalb des Fahrzeugs ausgeführt werden, ohne dass dies die übrigen Komponenten beeinflusst. So lieferten während der Projektlaufzeit beispielsweise externe Sensoren flexibel über MQTT und anschließend DDS Informationen über die Fahrzeugumgebung in das autonome System des Rolling Chassis. Die dafür benötigte Rechenleistung auf dem Rolling Chassis wird durch vier Nvidia Jetson AGX Xavier Module bereitgestellt, die über eine intelligente Softwareaufteilung die Rechenlast für das Einzelsystem minimal halten. Die Softwarepakete arbeiten daher verteilt auf den Modulen, wie Abb. 9.5 es zeigt. Aufgrund der gewählten Architektur fungiert die gesamte Netzwerkkommunikation des Rolling Chassis fahrzeugintern als auch über das fahrzeugextern im Indoor-ARENA2036-Netzwerk als eine geschlossene Einheit.

9.5 5G Stand Alone System

Die Kommunikation des Rolling Chassis mit dem Indoor ARENA2036 Netzwerk erfolgt über das von Nokia installierte 5G Stand Alone System (5G SA) der ARENA2036. Mittels zwei Pico-Remote-Radio-Heads, die auf dem 5G Radio Interface übertragen, kann somit eine zuverlässige Funkabdeckung der 4000 m^2 großen Industriehalle erreicht werden. Eine weitere Micro Basis Station wurde zusätzlich im Outdoorbereich auf dem Parkplatz der ARENA2036 installiert, um einen unterbrechungsfreien Zellwechsel zwischen den Funkzellen im Inneren des Gebäudes und Außen zu ermöglichen. Das 5G Core Netzwerk wurde breitbandig ausgelegt. Eine 10 GBit/s Glasfaserverbindung stellt die hierfür

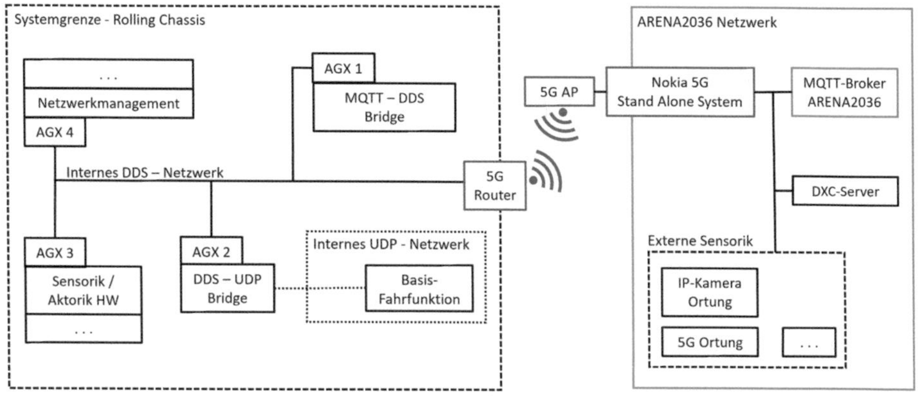

Abb. 9.5 Funktionsübersicht der OnBoard- und OffBoard- Kommunikation. (Quelle: IAT)

notwendigen Bandbreiten zur Verfügung. Das 5G Netzwerk stellt dabei eine Downlinkkapazität von mehr als 1 Gbit/s und 250 Mbit/s im Uplink zur Verfügung. Die Latenzen (Round-Trip) des 5G Systems liegen bei optimierten Anwendungsfällen im Bereich von 8–12 ms. Mit der 5G Technologie und der Verwendung von dezidierten Frequenzen können die höchsten Anforderungen an die Dienstqualität in Bezug auf Latenz, Zuverlässigkeit und Verfügbarkeit der Kommunikationsnetze erfüllt werden. 5G-Campusnetze stellen neue Technologien und Dienste bereit, die in den heutigen WiFi- und verkabelten Netzen noch nicht realisierbar sind. 5G bietet herausragende Eigenschaften für 5G-Campusnetze im industriellen Einsatz und wird mit der zunehmenden Digitalisierung ein wichtiger Baustein für die erfolgreiche Umsetzung von zukünftigen industriellen Anwendungen. Die als 5G Stand-Alone-Architektur bezeichnete Realisierungsstufe definiert eine komplett eigenständige 5G-Mobilfunkinfrastruktur, bei der Kontroll- und Nutzdaten über ein System laufen. Für die Lokalisierung mobiler Endgeräte hat Nokia Bell Labs zudem ein über das 5G-Netz hinausgehendes Prototypen-System in der Forschungshalle der ARENA2036 aufgebaut. Es handelt sich dabei um Messempfänger, die 5G-Uplink-Signale empfangen und an einen Server weitergeben. Auf dem Server wird aus den Messungen mittels spezieller Algorithmen die Position des mobilen Endgeräts geschätzt. Die Daten der 5G Positionierung werden anschließend in Echtzeit an das Fahrzeug zurückgegeben.

9.6 Positionsbestimmung des Rolling Chassis

Infrastruktursensoren spielen eine wesentliche Rolle im FlexCAR-Projekt, insbesondere in Innenräumen. In solchen Umgebungen können herkömmliche, auf GNSS-Sensoren basierende Positionierungssysteme aufgrund des Fehlens von Satellitensignalen keine genauen

Positionsdaten des Fahrzeugs liefern. Daher bieten in diesen Szenarien Infrastruktursensoren eine Möglichkeit, die Position des Rolling Chassis und der Hindernisse präzise zu bestimmen. Durch die Analyse der Positionen des FlexCARs und der Hindernisse können notwendige Steuerbefehle für das Chassis-System des FlexCARs ermittelt werden, um die Sicherheit des Fahrzeugs während des automatischen Betriebs zu gewährleisten. Im FlexCAR-Projekt kommen diverse Positionierungsverfahren zum Einsatz. Neben der 5G Positionierung die auf der Signaldetektion aufbaut kommt zusätzlich eine optische Erkennung mittels vier IP-Kameras zum Einsatz, um die genaue Position des Rolling Chassis zu ermitteln. Anschließend werden Umgebungs-Wahrnehmungsalgorithmen genutzt, um im Innenraum vorhandene Hindernisse zu erkennen, die eine Gefahr für die Fahrzeugbewegung darstellen könnten. Schließlich wird durch das Setzen eines Sicherheitsgrenzrahmens um das FlexCAR sichergestellt, dass während des autonomen Fahrens keine Kollisionen mit Hindernissen auftreten. Diese Infrastruktursensoren, in diesem Fall Kameras, werden über einen 5G-Router eingebunden, sodass die Videodaten über 5G übertragen werden können. Ein lokaler Rechner abonniert die Videodaten über WLAN/5G, verarbeitet diese Daten und bestimmt Positionen, Orientierungen sowie Haltesignale für Chassis über das Netzwerk. Das Rolling Chassis kann sich über das Netzwerk mit dem Arena-Netzwerk verbinden und die Nachrichten abonnieren. Die Funktionen des Kamerasystems ermöglichen es, die Wahrnehmungsaufgaben in zwei Phasen zu unterteilen: zuerst wird die präzise Lokalisierung des FlexCARs erledigt und anschließend die genaue Positionierung von Hindernissen bestimmt.

Für Phase I, die Aufgabe der genauen Lokalisierung des FlexCARs, kann die exakte Position des Rolling Chassis durch Bilder eines Multikamerasystems ermittelt werden. Um die Positionskoordinaten und die Orientierung im Welt-Koordinatensystem zu erhalten wird zunächst ein neuronales Netzwerk eingesetzt, um das Rolling Chassis im Video zu identifizieren und dies im Bildkoordinatensystem zu bestimmen. Dieses neuronale Netzwerk verwendet das SSD-Framework und wird mit einer manuell annotierten Erkennungsdatenbank trainiert. Im FlexCAR-Projekt haben wir insgesamt 10.000 annotierte Bilder des Rolling Chassis in verschiedenen Posen und unter verschiedenen Beleuchtungsbedingungen in Innenräumen verwendet. Die Datenbank wird im Verhältnis 0.7:0.15:0.15 in Trainings-, Validierungs- und Testdaten aufgeteilt. Das neuronale Netzwerk erreicht dabei eine Erkennungsrate von 96 % im Test. Nach der Objekterkennung werden Algorithmen zur Merkmalsdetektion und zum -abgleich verwendet, um den Mittelpunkt und die Fahrtrichtung des Rolling Chassis in der aktuellen Videoaufnahme zu bestimmen. Um die Qualität der ermittelten Position und Orientierung (Pose) weiter zu erhöhen werden zusätzlich AR-Tags verwendet, die auf dem Fahrzeug angebracht sind. Die Pose wird den Bildkoordinaten entnommen und den Kameraplatzierungen gegengerechnet um globale Koordinaten zu erhalten die über das ARENA2036 Netzwerk dem Rolling Chassis zur Verfügung gestellt werden. Das auf Infrastrukturkameras basierende Ortungssystem kompensiert somit die Unzulänglichkeiten der GNSS-Ortung in Innenräumen, und bietet eine Lokalisierungsmöglichkeit bis auf 5 cm genau.

Abb. 9.6 zeigt eine schematische Darstellung der ersten Phase der Positionsbestimmung.

Phase II konzentriert sich auf die Detektion und Positionierung von Hindernissen während der Fahrt. Hierbei nutzen wir die Methode der Hindernis-Footprint-Erkennung, bei der das aktuelle Videobild mit einem „leeren Fahrbereich" verglichen und anschließend mittels IPM (Inverses Perspektivisches Mapping) die Position der Hindernisse in jeder Kamera separat ermittelt wird. Durch Überlappen und Kombinieren der Informationen verschiedener Kameraperspektiven wird der tatsächliche Footprint des Hindernisses erzeugt. Abb. 9.7 zeigt in a-d die vier verschiedenen Kameraperspektiven, wobei der überlappende Bereich den Footprint des Hindernisses im Weltkoordinatensystem darstellt.

Mit den Methoden aus Phase I und Phase II wird eine genaue Position des Rolling Chassis und der Hindernisse in globalen Koordinaten ermittelt. Die Gefahrenerkennung

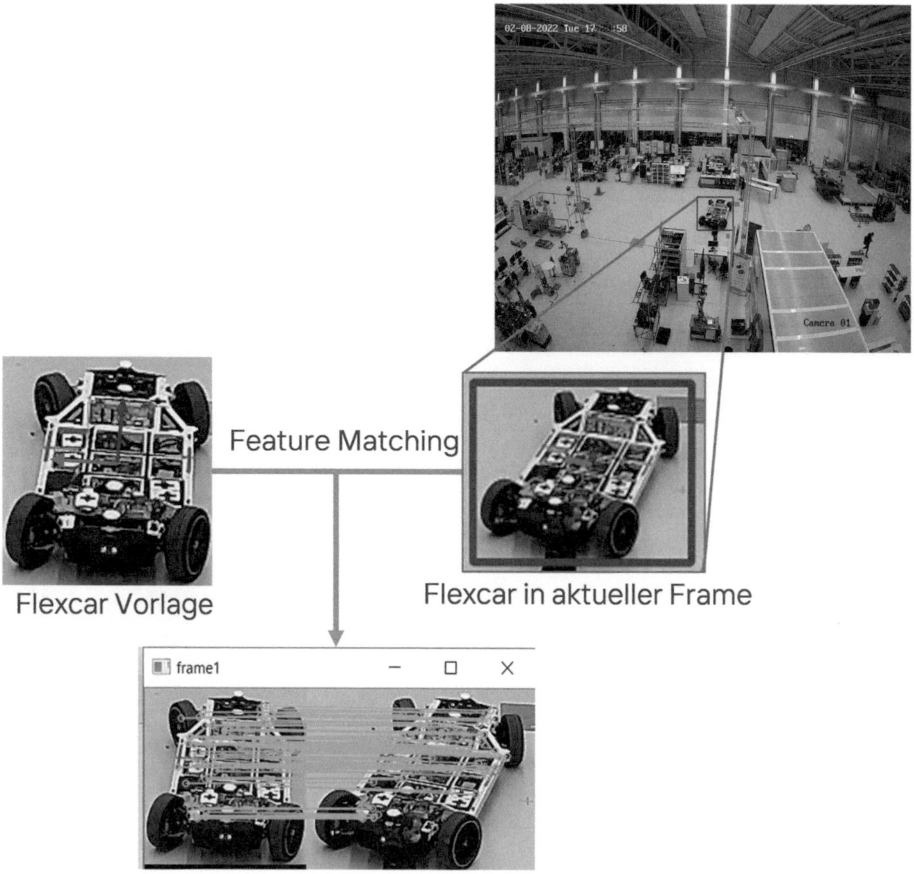

Abb. 9.6 Schematische Darstellung der FlexCAR-Positionsbestimmung. (Quelle: FKFS)

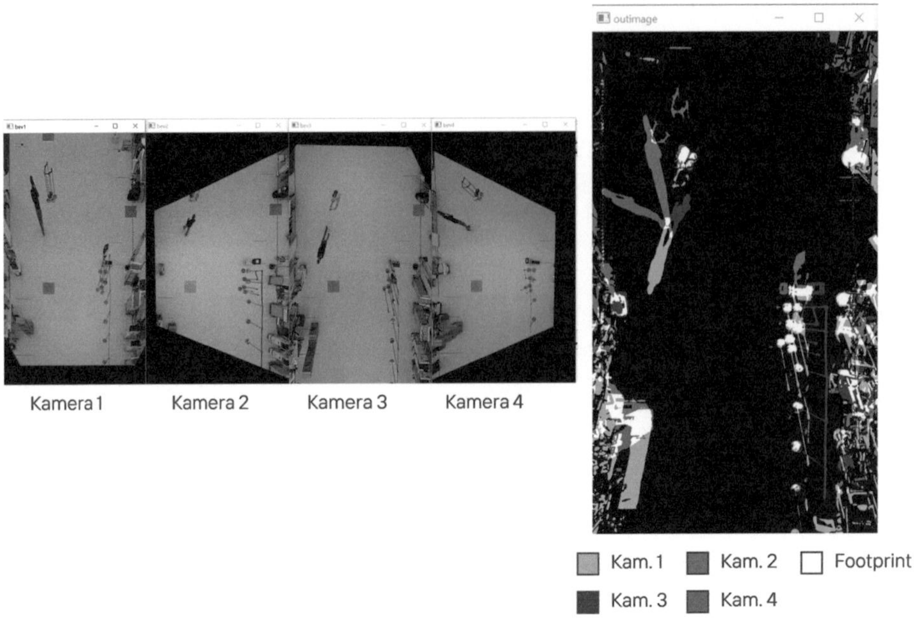

Abb. 9.7 Footprint des Hindernisses aus verschiedenen Kameraperspektiven (Quelle: FKFS)

wird nachgeschaltet und über eine virtuelle Überlagerung einer Zone und dem Rolling Chassis realisiert. Somit können bevorstehende Kollisionen detektiert und and das Fahrzeug weitergegeben werden.

Abb. 9.8 zeigt einen QR-Code, der zu einem Erklärvideo über das Kamerasystem führt und die Funktionsweise des Systems bei der Erkennung der im FlexCAR Projekt beschreibt.

Abb. 9.8 Erklärvideo zur Lokalisierung mittels infrastrukturbasierter Sensorik. (Quelle: FKFS)

9.7 Offene Entwicklungsplattform

Das Konzept der offenen Entwicklungsplattform und deren Implikation wurde im FlexCAR Projekt von DXC untersucht. Der softwaredefinierte Ansatz einer offenen Entwicklungsplattform fördert die Open-Source- und Crowdkollaboration mit dem einhergehenden inhärenten Innovationspotenzial. Gleichzeitig finden grundlegende Veränderung des digitalen Lebenszyklusmanagements und der Software-Lieferkette statt. Es werden neue Prozesse wie DevOps in die Fahrzeugindustrie integriert zusammen mit Over-the-Air-Updates (OTA). Besonders im Bereich der autonomen Systeme spielt auch der Aspekt der Sicherheit und der sicheren Datenübertragung eine bedeutende Rolle. Um die technische Machbarkeit zu zeigen konzipierte DXC eine Pilotanwendung zur OTA-Softwareaktualisierung unter Verwendung der eSync-Technologie der Firma Excelfore. Als Beispiel für eingebettete Funktionen wählte DXC das Objekterkennungssystem aus, das auf dem Rolling Chassis zur Verwendung kam. Über eine neue Version der Objekterkennungssoftware konnte erfolgreich eine Verbesserung der ADAS-Funktionalität durch das OTA-Software-Update getestet werden. In Zusammenarbeit mit der Firma Asvin untersucht DXC die Integrität mit Bezug Cyber-Security im Ökosystem mehrstufiger Zulieferer- und OEM-Softwareketten. Mittels einer automatisierten Ende-zu-Ende Prozesskette hinsichtlich Entwicklung, Bereitstellung/Freigabe und Installation und der Asvin-Blockchain-dokumentation konnte exemplarisch gezeigt werden, wie eine sichere auditierbare Softwarelieferkette implementiert werden kann. Abb. 9.9 zeigt diese Softwarelieferkette, die sich in drei Schritte gliedert:

1. Der Entwicklungsprozess der neben der eigentlichen Softwareentwicklung auch die Qualitätssicherung und die Übertragung der signierten Komponenten and die Update-Plattform beinhaltet.
2. Der Installations- und Releaseprozess bei dem die Software paketiert und für das eigentliche Update vorbereitet, inkl. der Möglichkeit die Änderung rückgängig zu machen im Falle von Fehlern.
3. Im letzten Schritt wird die Software übertragen und die Änderungen auf dem entsprechenden Gerät installiert.

Für alle Schritte erfolgt eine fälschungssichere Protokollierung und Dokumentation in einer dafür vorgesehenen Blockchain. Dadurch werden mehrere Anforderungen an softwaredefinierte Fahrzeuge adressiert wie z. B. bezüglich Security/Safety, gesetzliche Bestimmungen, Garantiebestimmungen.

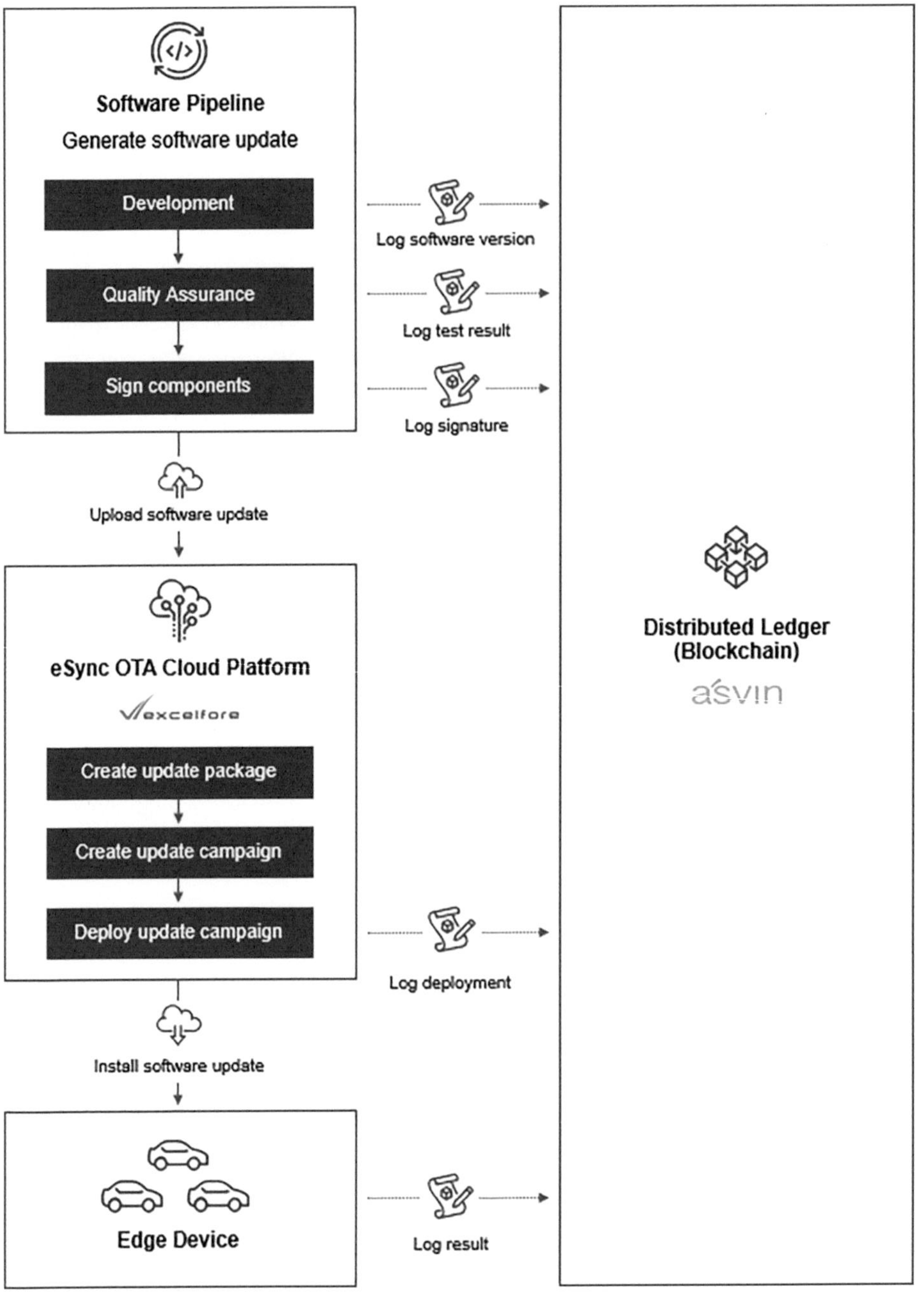

Abb. 9.9 Ende-zu-Ende Software-Prozesskette von Entwicklung bis Implementierung. (Quelle: DXC)

9.8 Ausblick

Im Rahmen des Verbundprojekts FlexCAR wurde ein rein elektrisch angetriebenes und vollständig X-by-Wire angesteuertes Forschungsfahrzeug, das Rolling Chassis, entwickelt das allen Anforderungen der diversen Potenzialszenarien gerecht werden konnte.

Die Fahrzeugplattform des FlexCAR Projektes basiert auf offenen Schnittstellen und weist eine hohe Modularität in Bezug auf Antriebssysteme, Karosserievarianten und Softwarekomponenten auf. Dies ermöglicht zukünftigen Fahrzeugen eine enorme Flexibilität und Anpassungsfähigkeit, sowohl in Bezug auf die Hardware als auch die Software. Dadurch wird der Lebenszyklus eines Fahrzeugs erheblich verlängert und gleichzeitig auf dem aktuellen Stand der Technik gehalten. Modularisierung der Schnittstellen sowohl hardware- sowie softwareseitig reduzieren den Wartungsaufwand und verkürzen Reparaturzeiten. Zudem ermöglichen standardisierte Schnittstellen die Kompatibilität zwischen Modulen verschiedener OEMs um eine spezifische Funktionserweiterung durch Update (Software) oder Upgrade (Hardware) zu erhalten. Nachträgliche Anpassungen spezieller Anforderungen an das Fahrzeug kann somit jederzeit erfolgen. Zusammen mit der 5G basierten Breitbandkommunikation bietet die Standardisierung von Schnittstellen die Grundlage eines vollständigen Datenaustausches für die Nutzung von Edge- oder Cloudcomputing. Zuverlässig können über die 5G Schnittstelle over-the-air Updates erfolgen oder auch externe Sensorik integriert und geprüft werden. Die hier geschaffene offene Entwicklungsplattform bietet Raum für eine fortlaufende Entwicklung und Wartung der Systeme auch nach dem Roll-out. Die Plattform bietet eine flexible Basis für die Entwicklung neuer update- und upgradefähiger Mobilitätskonzepte, die an die zukünftigen Bedürfnisse von Menschen und Umwelt angepasst werden können.

Literatur

1. Block, Lukas: Ein Verfahren zur Entwicklung flexibler Fahrzeug-Software- und -Hardware-Architekturen unter Unsicherheit, Springer Vieweg, 2024, 978-3-658-42804-4.
2. M. Çakır, T. Häckel, S. Reider, P. Meyer, F. Korf and T. C. Schmidt, "A QoS Aware Approach to Service-Oriented Communication in Future Automotive Networks," 2019 IEEE Vehicular Networking Conference (VNC), Los Angeles, CA, USA, 2019, pp. 1–8. https://doi.org/10.1109/VNC48660.2019.9062794.

Fluide Produktion und Montage 10

Robert Mutschler

Hinweis
Dieses Forschungs- und Entwicklungsprojekt wurde mit Mitteln des Bundesministeriums für Bildung und Forschung (BMBF) im Rahmen des Forschungscampus ARENA2036 (Verbundprojekt FlexCar, Förderkennzeichen gefördert und vom Projektträger Karlsruhe (PTKA-PFT) betreut.

Der Bericht stellt die Ergebnisse aus dem Verbundprojekt vor. Die Verantwortung für den Inhalt dieser Veröffentlichung liegt bei den Autoren.

10.1 Motivation

Die Motivation für eine fluide Produktion stützt sich auf 4 Themen. Thema Nr. 1 ist: „Intelligenz des Fahrzeuges für die Produktion nutzen".

Im Stand der Technik wird dies teilweise schon umgesetzt [5]. Im Rahmen des FlexCar Projektes können wir für die Produktion das selbstfahrende Skateboard für den weiteren Fahrzeugaufbau zugrunde legen. Somit haben wir ein Fahrzeug in der Produktion, welches in frühem Aufbauzustand autonom in einer Produktionshalle unterwegs ist. Dies hilft den Invest für Fördertechnik bei neu zu bauenden Montagehallen zu reduzieren.

R. Mutschler (✉)
PP/MDAS, Mercedes-Benz AG, Sindelfingen, Deutschland
E-Mail: robert.r.mutschler@mercedes-benz.com

A. Gerlicher und M. Lahres (Hrsg.), *FlexCAR,* ARENA2036,
https://doi.org/10.1007/978-3-662-69750-4_10

Thema Nr. 2 ist die Flexibilität.
Die Fluide Produktion bietet Flexibilität durch eine 2D Montagehalle. Unter dem Begriff 2D Montagehalle meinen wir eine Halle, welche keine Gruben oder Bühnen für Fördertechnik beinhaltet. Bei einer klassischen Fließfertigung mit Fördertechnik sind gebäudeseitig Maßnahmen für diese zu realisieren. Neben der Auslegung auf das zu produzierende Fahrzeug ist der Blick auf das danach folgende Fahrzeug zu richten. Die Flexibilität neben dem Fahrzeug, welches die Prämissen für die Fabrik setzt, auch den Nachfolger fertigen zu können, bezeichnen wir als Nachfolgerflexibilität. Bei einer Fließfertigung muss für diese Flexibilität in Technik und Platz investiert werden, der erst beim potenziellen Nachfolger genutzt wird. Die Entscheidung, für den potenziellen Nachfolger zu investieren, fällt um so leichter, je geringer die Kosten hierfür sind. Bei der Fluiden Produktion mit der 2D Montagehalle reduzieren sich die Kosten gegenüber einem Vorhalt bei einer klassischen Fließfertigung mit Fördertechnik. Ein weiterer Aspekt der Flexibilität ist, dass die Fluide Produktion dem wachsenden Zeitbedarf für Software-Update und Inbetriebnahme flexibel gegenübersteht. Es ist im Stand der Technik ein Industrietrend zu beobachten, steigende Software Mengen im Fahrzeug zu integrieren. Als Beispiel für den Trend sei auf [6] verwiesen mit dem Software Defined Car. Eine Randbedingung ist dass zertifizierungsrelevante Inbetriebnahmen am Fahrzeug aufbauzustandsbegleitend sind. Daher lassen sich Software-Updates und Inbetriebnahmen schlecht in deterministischen Zeiten einer Fließbandfertigung darstellen. Mit diesen technischen Randbedingungen sind zeitlich flexiblere Lösungen für Software-Update und Inbetriebnahme vorteilhaft. Dies bietet eine Fluide Montage Produktion.

Ein weiterer Aspekt der Flexibilität ist die Widerstandsfähigkeit gegenüber Schwankungen in der Lieferkette und der Auftragslage. In der Corona Krise 2020/2021 sind durch Unterbrechung der Lieferketten Störungen aufgetreten, die eine Fließbandfertigung nicht optimal verarbeiten kann. Eine klassische Fließbandfertigung hat inhärent Restriktionen, welches Maß an Zeitspreizung in der Fertigung darstellbar ist. Der Unterschied zwischen einer Fluiden Produktion ist, dass für eine klassische Fließbandfertigung in der Einsteuerung der Aufträge eine verträgliche Arbeitslast dargestellt werden muss. Hingegen reagiert eine Fluide Produktion auf die Einsteuerung der Aufträge selbstregulierend mit der Anpassung der Fahrzeuge pro Zeit. Hier wird idealerweise das arithmetische Mittel der Fertigungszeit der eingesteuerten Fahrzeugsequenz erreicht. Der Aspekt der Widerstandsfähigkeit resultierend aus Flexibilität lässt sich folgendermaßen zusammenfassen: Eine klassische Fahrzeugfließbandfertigung stellt Forderungen bzw. Restriktionen an die Fahrzeugeinsteuerung. Somit kann sie nicht beliebig auf Lieferketten reagieren und eben konsequent diejenigen Fahrzeuge bauen, für die die notwendigen Teile verfügbar sind. Eine Fluide Produktion tut dies nicht und kann auch die Autos bauen, für die gerade Teile verfügbar sind.

Thema Nr.3 ist die Effizienz bei Variantenvielfalt – Postulat „Der Schnelle überholt den Langsamen“.

Bei strikter variantenarmer Automobilmontage nach dem Vorbild von Henry Ford einheitlich in Farbe, Motor und Innenausstattung ist sicherlich die klassische Fließbandfertigung vorteilhaft. Im Stand der Technik haben sich Variantentreiber, die nicht eingespart werden können, etabliert. Als Beispiel seien hier die länderspezifischen Regularien genannt. Sich verändernde Kundenwünsche bei sich gleichzeitig ändernden regulatorischen Randbedingungen führen zu Variantenvielfalt. In einer PKW-Montage bedeutet die Variantenvielfalt neben der logistischen Herausforderung für die Fertigungszeitplanung, dass die einzelnen Fahrzeug- und Ausstattungsvarianten für sich isoliert betrachtet unterschiedliche Fertigungszeit mit sich bringen. Die Differenz zwischen der Variante mit der höchsten Fertigungszeit und der mit der geringsten Fertigungszeit bezeichnen wir als Zeitspreizung. Bei einer klassischen Fließbandfertigung bremst der Langsame, also die Variante mit viel Fertigungszeit, den Schnellen, also die Variante mit wenig Fertigungszeit aus. In der Automobilindustrie haben sich in Praxis raffinierte Methoden etabliert diesen Effekt des ausbremsens zu minimieren. Ein wesentlicher Vorteil der Fluiden Produktion ist, dass sie die negativen Effekte einer Zeitspreizung auf die Effizienz einer klassischen Fließbandfertigung in einen Stellhebel zur Effizienz wandelt.

Wenn wir Verkettungsverluste und Störungen zunächst erstmal nicht betrachten im System, so sprechen wir von einem idealen Output. Idealerweise ist dieser bei einer Fluiden Produktion das arithmetische Mittel der Fertigungszeit der eingesteuerten Fahrzeugsequenz. Der ideale Output einer fluiden Produktion ist deterministisch über die Ausstattungsmerkmale der Fahrzeuge ermittelbar, aber er ist zeitlich schwankend, wenn die Fahrzeugeinsteuerung hinsichtlich der Arbeitslast in der Montage schwankt. Eine Fließbandfertigung hingegen erreicht idealerweise ein Output, der sich am Fahrzeug mit maximaler Fertigungszeit orientiert und konstant ist.

Thema Nr. 4 ist eine Wandlung der Fließbandarbeit hin zu individuellem selbstbestimmten Arbeiten unter der Begrifflichkeit New Work. Dies meint Überlegungen, Arbeitsplätze so zu gestalten, dass Zufriedenheit durch selbstbestimmtes und individuelles Arbeiten möglich ist. Treiber hierfür ist der demographische Wandel. Das Thema New Work findet also dort Bedeutung, wo die Bevölkerung überaltert und der Mangel an jungen Fachkräften absehbar ist. Dies ist kein globales Thema, sondern eher eines in Deutschland [6] und Europa [8].

Die Fluide Produktion kann in Deutschland/Europa auch einen Beitrag leisten, über New Work Ansätze in der Fertigung einen Vorteil in dem knappen Arbeitsmarktangebot zu haben.

In der Abb. 10.1 sind wesentliche Aspekte des Wandels der Fließbandarbeit hin zu New Work aufgeführt.

Abb. 10.1 Aspekte von New Work in Gesellschaften mit Überalterung und demographischem Wandel

10.2 Vorgehen

Im FlexCar Projekt wird das Skateboard-design in seiner Konstruktion und seiner Modularität beschrieben. Um ein Produktionsystem zu durchdenken, bedarf es noch weiterer Prämissen. Diese wurden im Rahmen von [9] erarbeitet. Hierfür wurden die zukünftigen Trends des Automobils und dessen Produktion identifiziert.

Mit der Methodik der sogenannten „Megatrend-Map“ des Zukunftsinstituts wurde ein Streckennetzplan für die Verbundprojekte Fluide Produktion und FlexCar erarbeitet, der die Themen und Aspekte von Trends mit den Merkmalen des FlexCars und der Fluiden Produktion miteinander verbindet Abb. 10.2.

Der Streckennetzplan lässt sich wie folgt interpretieren: das Ziel ist der Hauptbahnhof, was hier die Fluide Produktion darstellt. Jede Hauptüberschrift der Begriffssammlung wurde in einer Streckenverbindung abgebildet. Die einzelnen Stationen sind Merkmale und Bestandteile des Hauptthemas.

Durch die schematische Anordnung des Streckennetzplans sind Komplexitäten zusammenspielender Themenbereiche leicht und schnell zu erkennen. Verlaufen zwei oder mehr Themen parallel zueinander, so steigt die Komplexität in diesem Bereich an, denn es kommt zu Wechselwirkungen von unterschiedlichen „Fahrstrecken“. Zum Beispiel ergibt sich eine höhere Komplexität bei der Automatisierung der Fluiden Produktion

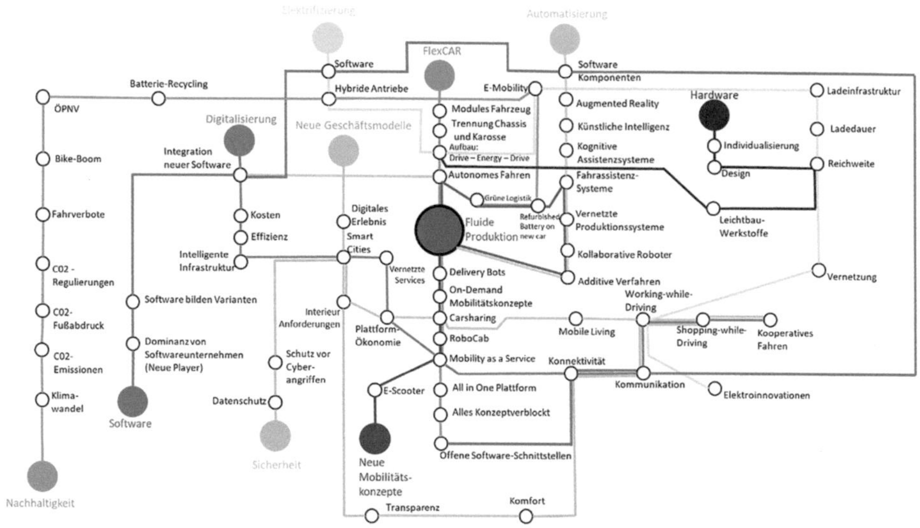

Abb. 10.2 Gedankenmodell Streckennetzplan angelehnt an www.Zukunftsinstitut.de

und der Wechselwirkung der Nachhaltigkeit. Komplexität ohne direkte Wirkung auf die Fluide Produktion bilden Themen wie „Konnektivität“ – „Kommunikation“ und „Working -while-driving“ zu „Shopping-while-driving“ ab.

Mit der Entwicklung des Streckennetzplans können die Themen, die direkten Einfluss auf die Fluide Produktion haben, identifiziert werden (siehe Abb. 10.3). Die Themenbereiche FlexCar, Automatisierung und Nachhaltigkeit haben einen direkten Effekt auf die Abläufe und Gestaltung einer Fluiden Produktion und werden deshalb intensiver analysiert.

Die zu fertigenden Varianten sind Treiber der Zeitspreizung. Daher ist im Rahmen der Erarbeitung von Prämissen ein Variantenbaum darzustellen. Hierbei ergibt sich mit der Annahme von Ländervarianten basierend auf weltweit uneinheitlicher Gesetzgebung und der Einführung einer Refurbished Variante aus den vorangegangenen Überlegungen Abb. 10.2 ein anderes Bild als die Varianten der modularen Bausteine des Skateboards. Es ergeben sich deutlich mehr Varianten bei der Gesamtfahrzeugsicht. Zunächst wurde die Varianz des FlexCars so erweitert, wie es den realen Zahlen einer Automobilproduktion entspricht. Vergleichend dazu wurden aus der Forschung lediglich elf Varianten geplant, wie in Abb. 10.4 zu entnehmen ist.

Mit den gegebenen Randbedingungen und Konfigurationen aus der Forschung wurde der Variantenbaum mit signifikanten Merkmalen erstellt. Die Variantenvielfalt von FlexCar entstand durch den Ausbau und die Berücksichtigung von Längen- und Ländervarianten. Dabei gibt es insgesamt 15 Längenvariationen, die sich auf die unterschiedlichen

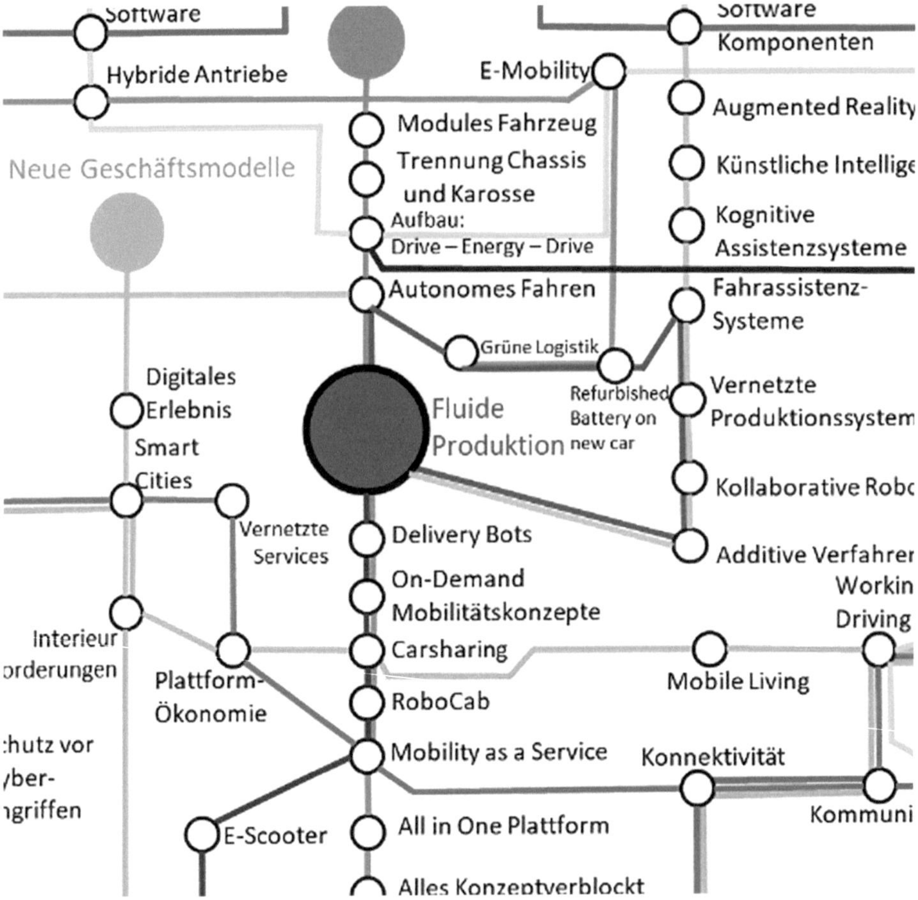

Abb. 10.3 Streckennetz – Detail Einflussfaktoren Fluide Produktion

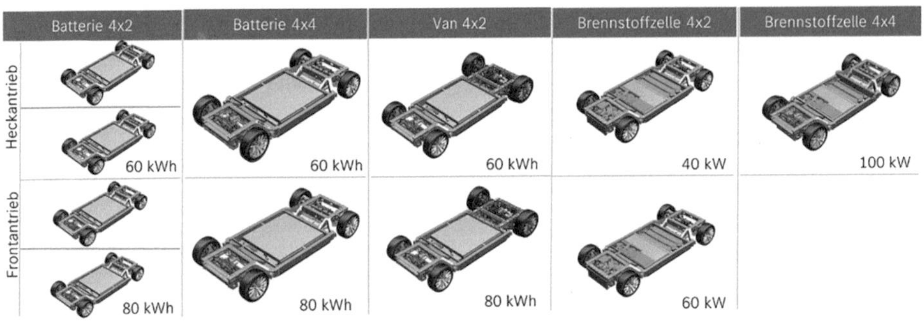

Abb. 10.4 FlexCar Skateboard Konstruktion Varianten (Mercedes-Benz AG)

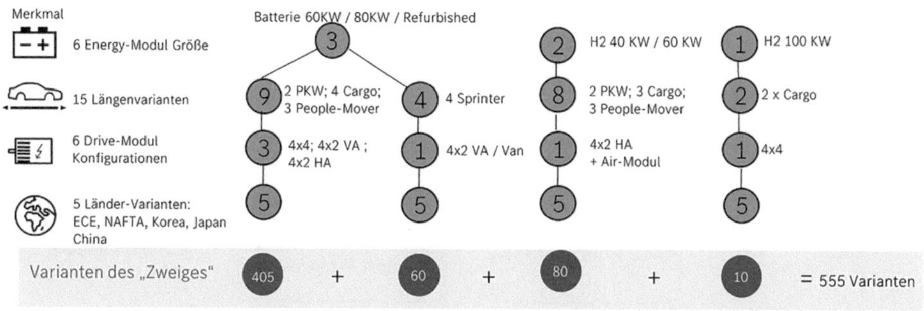

Abb. 10.5 Variantenbaum Produktion FlexCar Gesamtfahrzeug (Mercedes-Benz AG)

Energie- und Antriebsformen verteilen. Aufgrund von unterschiedlichen Hardwarebestimmungen und der Gesetzgebung der verschiedenen Länder gibt es für jede Fahrzeugkonfiguration fünf verschiedene Ländervarianten. Dafür wurden Varianten für die ECE, NAFTA, Korea, Japan und China vorgesehen. Werden die Zahlen entlang der Zweige des Variantenbaums miteinander multipliziert erhält man die „Varianten des Zweiges". Addiert man diese erhält man eine Variantenvielfalt von 555 FlexCar-Varianten (siehe Abb. 10.5).

Mit den erarbeiteten Prämissen kann beim Entwurf einer Fluiden Produktion entsprechend Abb. 10.6 vorgegangen werden.

Um die Dynamik der Fluiden Produktion zu erfassen, wurden im Rahmen von [7] Materialflusssimulationen durchgeführt. Mit Referenzmodellen wurde die Abhängigkeit bzw. Sensitivität einzelner Parameter untersucht. Genutzt wurde hierfür die im Hause Mercedes entwickelte Materialfluss-Software ALFA eingesetzt. Diese hat gegenüber der weit verbreiteten Software von Siemens „Plant Sim" den Vorteil, mit numerischer Performance große Suchräume besser darstellen zu können.

10.3 Stand der Technik

Die Automobilindustrie steht vor einer großen Wende. „Neue Mobilitätskonzepte mit veränderten Kundenwünschen, eine abschwächende Konjunktur und geänderte regulatorische Rahmenbedingungen im Hinblick auf die Elektromobilität und den Umweltschutz setzen die Automobilindustrie zunehmend unter Druck" [1]. Daher müssen sie auf wechselnde Marktanforderungen schneller und flexibler reagieren können. Dazu braucht man eine Fabrik, die wandlungsfähig ist. Die von Henry Ford entwickelte Fließbandfertigung kennzeichnet sich durch einen sequentiellen Ablauf von Mensch und Betriebsmitteln aus. Diese ist jedoch hauptsächlich bei hohen Stückzahlen und geringer Varianz von Vorteil. Die taktzeitgebundene Verkettung der Arbeitsstationen ist dagegen für die heutige Automobilproduktion ungünstig, da diese von einer hohen Variantenvielfalt geprägt ist

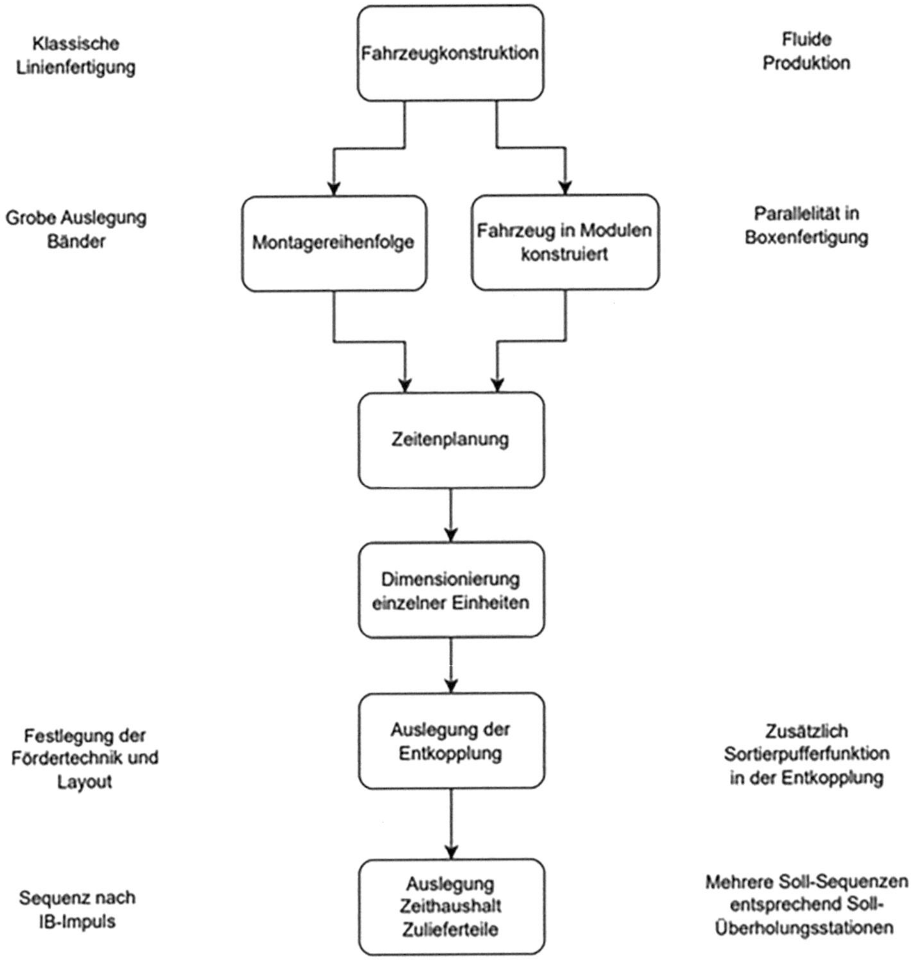

Abb. 10.6 Vorgehen Fluide Produktion

[2]. Dies führt den Automobilbau zu einer komplexen Herausforderung: die Integration von mehreren Fahrzeugtypen auf einer Montagelinie, die hinsichtlich Grundvarianten und Ausstattung eine hohe Fertigungszeitspreizung mit sich bringen [3]. Die moderne Automobilproduktion besteht aus einer getakteten Produktionslinie, mit einer Spreizung der Taktzeit von 30 bis 40 s, stellenweise bis mehrere Minuten, in der ein Automobil in 30 bis 50 h gefertigt wird. Die Montagearbeiten erfolgen zu 90 bis 100 % manuell, wobei die Lackierung und der Karosseriebau bereits heute stark automatisiert sind. Eine hohe Variantenvielfalt steigert die Komplexität der Steuerungslogik der Perlenkette. Die als Indikator fungierende Perlenkettengüte ist aufgrund von erhöhtem logistischem Aufwand regelmäßig unbefriedigt [2]. Ein möglicher Lösungsansatz ist die Aufhebung von

Band und Takt im Montageablauf. Hierbei bedarf es flexibler und nach Bedarf angeordneter Arbeitsstationen, die weder vom Montageort noch von Montageinhalten abhängig sind. Dies lässt eine flexible Verschiebung der Arbeitsinhalte, Arbeitsreihenfolge sowie der Arbeitsverteilung in einem Produktionssystem zu, sodass sich daraus ein kontinuierlich veränderndes Produktionslayout ergibt. In der sogenannten „fluiden Montage ohne Band und Takt" (oBT-Montage) sind Arbeitsstationen in werkstattähnlicher Struktur aufgebaut, was der Auftragssteuerung neue Freiheitsgrade eröffnet. Zum einen definiert der Arbeitsinhalt die Anforderungen eines Prozessmoduls (Arbeitsstation) und zum anderen legt die Arbeitsreihenfolge die Reihenfolge der Arbeitsvorgänge fest. Außerdem definiert das Produktionslayout die Position der Arbeitsstation in einer Produktionshalle [1]. Zusammenfassend erweitert eine Fluide Produktion die Freiheitsgrade für kurzzeitige Entscheidungen. Durch den Entfall von starrer Fördertechnik und einer Materialversorgung ohne festen Ortsbezug (Warenkorb-Prinzip) resultiert eine sehr einfache Nachfolgeflexibilität. Das heißt, dass die Flächenumnutzung mit sehr geringem baulichem Aufwand verbunden ist. Durch flexible dynamische Strecken können situationsbezogene Entkopplungen und Resortierungen zwischen den einzelnen Abschnitten der Montage erfolgen. Produktvarianten können bei Anlagestillständen, die diese Anlage nicht nutzen müssen, den Stillstand umfahren. Überdies können Prozesse mit streuendem Zeitbedarf unkompliziert und flexibel in das Produktionslayout integriert werden, wie zum Beispiel die Softwarebetankung oder das Verlegen des Leitungssatzes [4]. Mit den neuen Freiheitsgraden können unterschiedliche Varianten mit streuenden Montagezeiten im gleichen Produktionslayout produziert werden, ohne durch die Fertigungszeitspreizung bedingte Effizienzverluste zu erleiden. Diese Aspekte werden in den konventionellen Verfahren der Produktionsplanung und -steuerung bislang noch nicht berücksichtigt [1].

10.4 Ergebnisse Fluide Produktion beim FlexCar

Im Rahmen des FlexCar Projektes haben wir den Focus auf Automobilmontage gelegt. Verallgemeinerung auf andere Industriezweige kann im zweiten Schritt erfolgen und stellt ein To Do im Ausblick dar. Mit den Use Case Definitionen im Projekt haben wir auch ein Use Case Fluide Produktion erstellt. Was wir unter fluider Produktion des FlexCar verstehen, ist in Abb. 10.7 dargestellt.

Zunächst betrachten wir die Frage, aus welchen Systemelementen sich eine Automobilmontage zusammensetzen lässt? Wir haben hier 3 Systemelemente identifiziert. Diese sind:

1. manuelle Boxenfertigung in paralleler Anordnung als Gegenstück zum Arbeitsband ohne integrierte Mechanisierungen einer heutigen Fließbandmontage Diese Boxenfertigung wird durch Stufen von parallel angeordneten Boxen, die über einen Parkplatz entkoppelt werden (siehe Abb. 10.11), dargestellt.

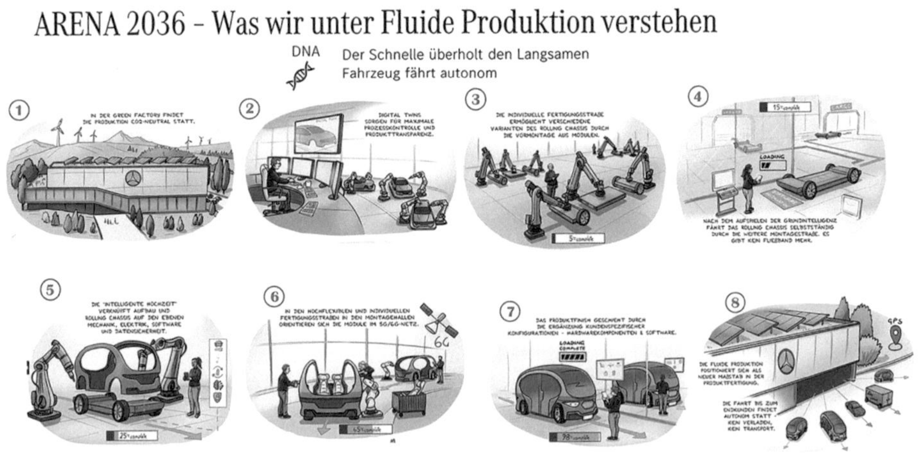

Abb. 10.7 Was wir unter Fluider Produktion verstehen (Mercedes-Benz AG, FlexCar)

2. Automatisierung Stationen – hier kennen wir im Stand der Technik z. B. Klebeanlagen und Hochzeitsanlagen
3. Stationen für Software-Update und Inbetriebnahme

Die ersten Ergebnisse in 2023 für die Fluide Produktion des FlexCar entstanden durch die Betrachtung der Systemdynamik. Um den Unterschied zum Stand der Technik aus systemdynamischer Sicht zu erfassen ist es notwendig auf den Aufsetzpunkt einzugehen. Vergleichs- und Aufsetzpunkt ist die Fließbandfertigung als reihenfolgenorientiertes Produktionssystem. Hierbei sind die Arbeitsinhalte pro Station als „Längerzyklische Wiederholung" im Prozesstyp II (siehe Definition der Prozesstypen in Abb. 10.8) gekennzeichnet.

Die Analysen zur Systemdynamik stützen sich entsprechend dem Vorgehen auf Simulationsmodelle des Mercedes-Benz In-House Tools ALFA zur Materialflusssimulation. Wie im Kapitel Motivation beschrieben, besteht ein wesentlicher Vorteil der Fluiden Produktion darin, dass sie die Zeitspreizung für Effizienz nutzt. Der ideale Output einer Fluiden Produktion ist proportional zu dem arithmetischen Mittel der Fertigungszeit einer Einsteuerungssequenz. In der Praxis schwankt dieser ideale Wert mit der eingesteuerten Sequenz, sofern diese keine strikte Quote von Ausstattungsmerkmalen und Baumustern einhält. Diese ideale Betrachtung muss am Ende des Tages noch mit den gegenläufigen Effekten verrechnet werden. Der Einfachheit halber betrachten wir zunächst statisch den Zusammenhang zwischen der Leistungsfähigkeit des Systems in Abhängigkeit der Zeitspreizung. Ausgelegt wird die Fluide Produktion so, dass diese auch eine reine Folge von Fahrzeugen mit maximalem Fertigungszeit produzieren kann. Betrachtet man in Abb. 10.9 den Arbeitspunkt einer reinen Sequenz von Fahrzeugen mit maximaler Fertigungszeit, so ist die Zeitspreizung Null. Auf der X-Achse in Abb. 10.9 entspricht dies

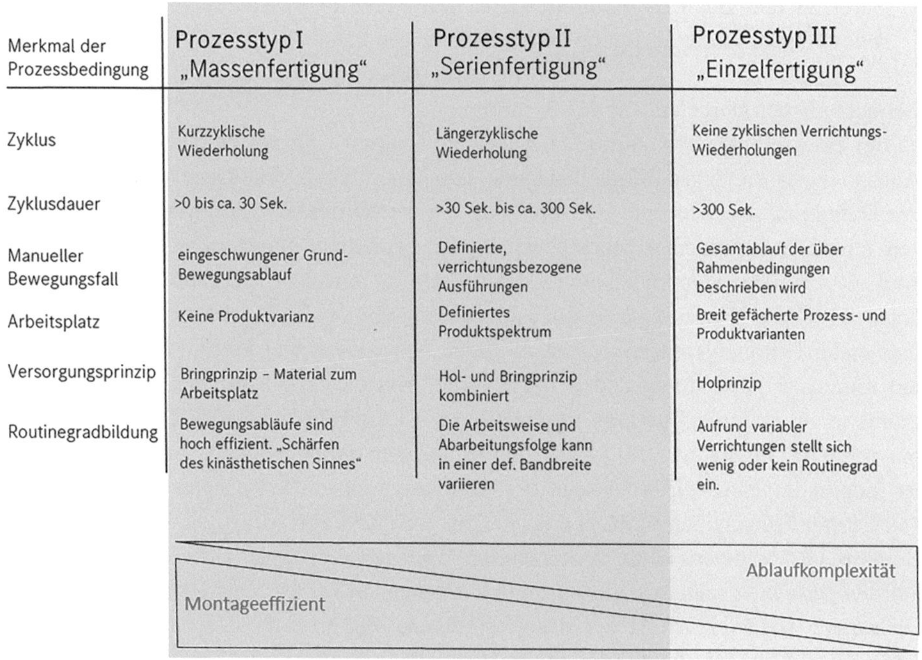

Abb. 10.8 Definition der Prozesstypen (Dirschnabel, Mercedes)

der „0“. Dort gibt es auch Null Erhöhung der JpH. Mit steigender Zeitspreizung steigt auch die JpH. Beispiel: Beträgt die Zeitspreizung 50 % der maximalen Fertigungszeit – also dem Punkt 50 % auf der X-Achse in Abb. 10.9, so ist zu erkennen, dass die JpH sich idealerweise um 30 % erhöht.

Exkurs zu Abb. 10.9:

Zur Verdeutlichung wenden wir den o.g. Arbeitspunkt auf eine Fertigung eines fiktiven Kleinwagens mit 200 min Fertigungszeit und eines fiktiven Premium-Fahrzeuges mit 400 min in ein und derselben Endmontage an. Es werden genauso viel fiktive Kleinwagen wie Premium-Fahrzeuge produziert. Wird nun die Fertigung als konventionelle Fließbandfertigung auf 30 JpH ausgelegt, so sind hier Maßnahmen zu ergreifen, dass der Kleinwagen und das Premium-Fahrzeug sich nicht gegenseitig so beeinflussen, dass die 30 JpH gefährdet sind. Werden beide fiktiven Fahrzeuge zusammen in einer idealen Fluiden Produktion gefertigt, so steigert sich das System auf 39 JpH.

Gegenläufige Effekte zur idealen Fluiden Produktion (siehe Abb. 10.9) sind:

- Verkettungsverluste
- Arbeitswissenschaft: Effizienzverlust durch Entfernung vom „Prozesstyp II“ in „Richtung Prozesstyp III“

- Durchlaufzeit- Das Resortieren bedeutet Verweilzeit im Parkplatz, welches als gebundenes Kapital in der Fertigung angesehen werden kann

Betrachtung der Durchlaufzeit des Systems:

Bei einer Fluiden Produktion ist weder der Output noch die Durchlaufzeit konstant. Anhand einer einfachen Modellannahme von einer max. Montagezeit = 1700 s und der Definition, dass sich die Zeitspreizung aus der Differenz der maximalen Montagezeit minus der minimalen Montagezeit ergibt, betrachten wir die Durchlaufzeit (siehe Abb. 10.10). Zur Vereinfachung reduzieren wir in unserer Überlegung die Varianten unterschiedlicher Fertigungszeit. Es gibt nur drei. Ein voll ausgestattetes Fahrzeug mit maximaler Fertigungszeit, eines mit mittlerer Ausstattung und Fertigungszeit und eines mit minimaler Ausstattung und Fertigungszeit. Von diesen 3 Varianten nehmen wir als Prämisse an, dass die Quote an minimal ausgestatten Fahrzeugen 25 %, an Fahrzeugen mit mittlerer Ausstattung 50 % und an Fahrzeugen mit maximaler Ausstattung 25 % ist. Zugrunde gelegt wird, dass mit der Ausstattung auch die Fertigungszeit steigt. Mit wachsender Zeitspreizung gibt es eine steigende Anzahl von Autos, die schneller aus der Boxfertigung kommen. Diese verkürzen die Wartezeit derjenigen auf dem Parkplatz, die auf den gesuchten später durch Störungen kommenden warten. Das Überholen hat daher auch einen positiven Effekt auf das Resortieren. Mit größerer Zeitspreizung wird der Unterschied Min, Mittel und Max in der Verteilung sichtbar. mit steigender Zeitspreizung sinkt die mittlere Verweildauer im Parkplatz. Dies bedeutet weniger zeitlich gebundenes Kapital.

In den Untersuchungen des FlexCar Projektes haben wir uns zunächst auf die manuelle Boxenfertigung konzentriert. Die Auslegung der Verkettung einzelner nacheinander geschalteter Boxenfertigungen nach Abb. 10.11 wurde unter Systemdynamik-Aspekten erarbeitet.

Zur Auslegung der Entkopplungs und Resortierparkplätze betrachten wir zunächst das Verhältnis der maximalen Störzeit in der Boxenfertigung zu der Montagezeit pro Box (siehe Abb. 10.12). Hierbei ist an diesem Beispiel zu erkennen: wenn die maximale Störzeit größer ist als die Fertigungszeit in der Box, wird ein Vielfaches an Stellplätzen zum Resortieren benötigt. Ob zu 100 % resortiert werden soll oder ob das System mit einer Abweichung von der Reihenfolgegüte der jeweiligen JIS Sequenz nach dem geplanten Überholen zurecht kommen muss, ist mit der Parkplatzgröße in diesem Fall ein Auslegungsparameter.

Ein Produktionssystem sollte mit möglichst geringen Einsatzfaktoren möglichst viel produzieren. Für die vollständige Resortierung bei der worst case Betrachtung von 92 % Verfügbarkeit – also mit 8 % Störungen wird nach Abb. 10.12 das 7-Fache der Anzahl der parallel angeordneten Boxen als Parkplatz zum Resortieren benötigt. Dies stellt einen hohen Flächenverbrauch im Layout dar.

Die Frage ist nun, ob es Auslegungskriterien gibt, welche diesen hohen Flächenverbrauch vermeiden. Zunächst ist es hilfreich die maximale Stillstandszeit einer Box

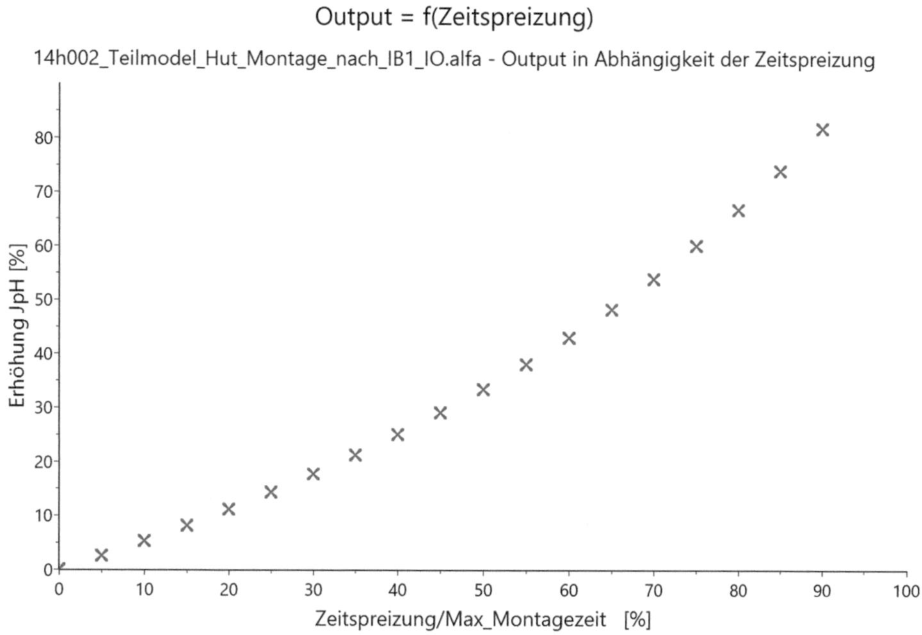

Abb. 10.9 theoretisch maximales Potenzial durch „der Schnelle überholt den Langsamen".

so gering wie möglich zu halten. Auch in der klassischen Fließbandfertigung ist dies ein Auslegungsziel. In der Praxis kann man durch Redundanzen im Werkzeug und den Handhabungsgeräten die maximale Störzeit begrenzen. Ferner können zusätzlich zu den Mitarbeitern, die in der Station benötigt werden, flexibel unterstützende Mitarbeiter eingeplant werden. Diese flexibel einsatzbaren Mitarbeiter bezeichnen wir als Springer. Mit diesen im Stand der Technik üblichen Maßnahmen ergeben sich typischerweise maximale Stillstandszeiten, die dem Hochfahren der technischen Redundanz entsprechen. Wir können dies Zeit mit 5 min abschätzen.

Der wesentliche Stellhebel um Resortiervolumen zwischen den Stufen der Boxenfertigung einzusparen, ist den zeitlichen Fertigungsinhalt in der Box größer zu wählen, als die maximal in der Boxenfertigungsstufe auftretende Störung. Somit ergibt sich, unter Einsatz von technischer Redundanz und Springern, das Auslegungsmerkmal für den Fertigungsinhalt pro Box mindestens 5 min zu wählen. Je mehr Fertigungsinhalt in einer Box dargestellt wird, um so größer ist der Effekt, dass Störungen „geschluckt werden". Die Verkettung von zwei hintereinander angeordneten Boxenfertigungsstufen ist unter der Randbedingung, dass die maximalen Störungen kleiner ist, als die Fertigungszeit in der Box in Abb. 10.13 dargestellt.

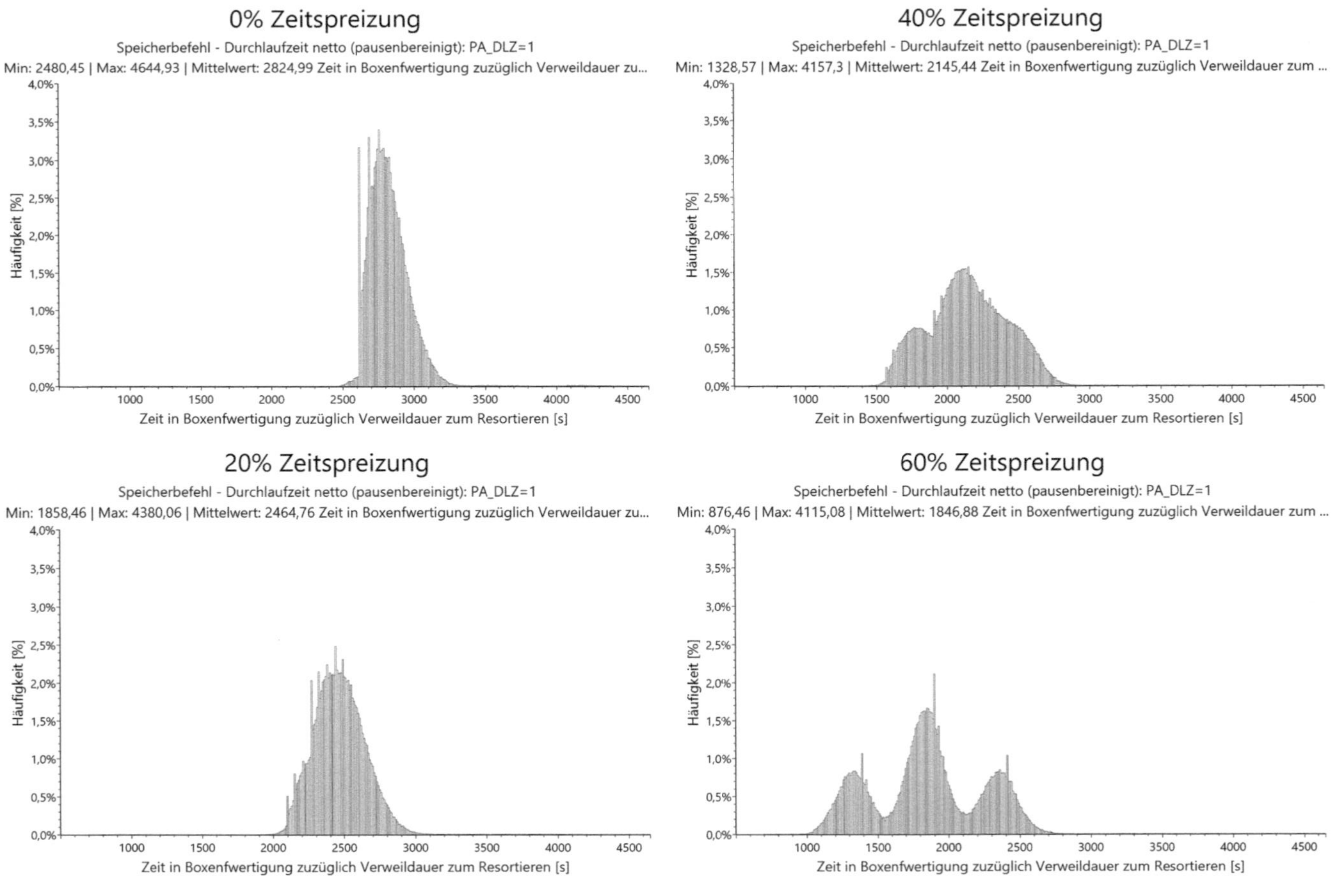

Abb. 10.10 Durchlaufzeit bei „Überholen und Resortieren“

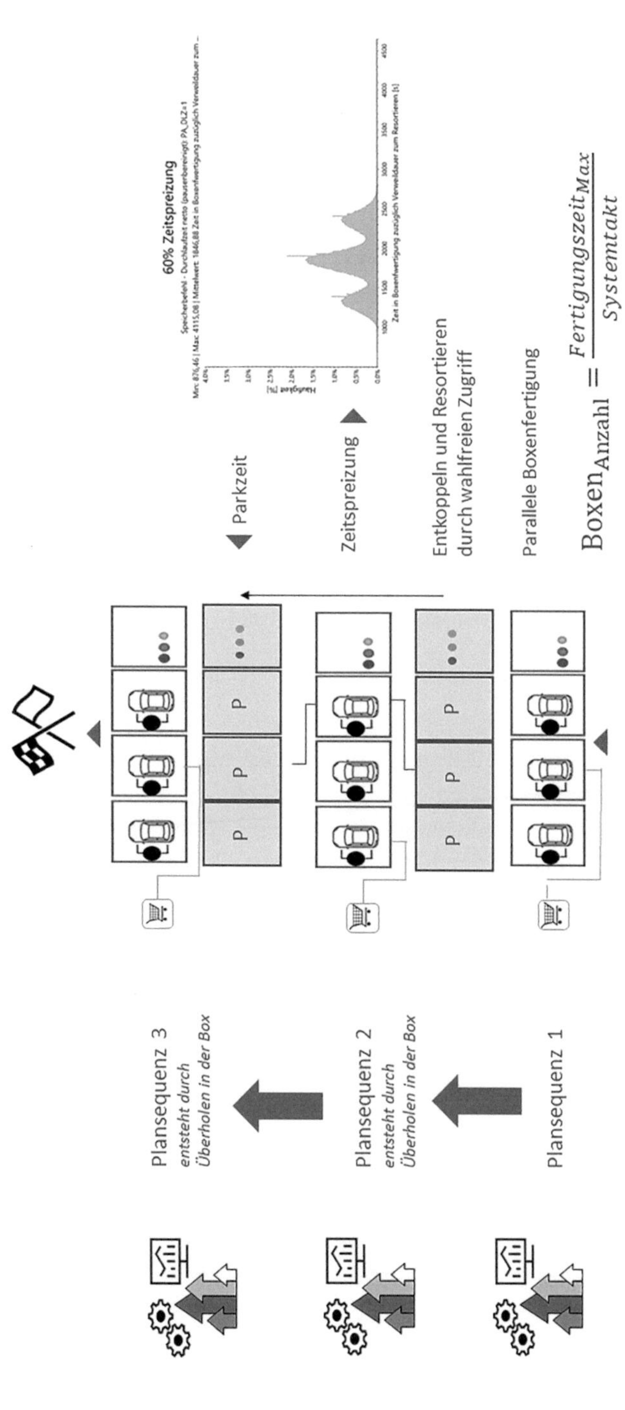

Abb. 10.11 manuelle Boxenfertigungsstufen hintereinander angeordnet

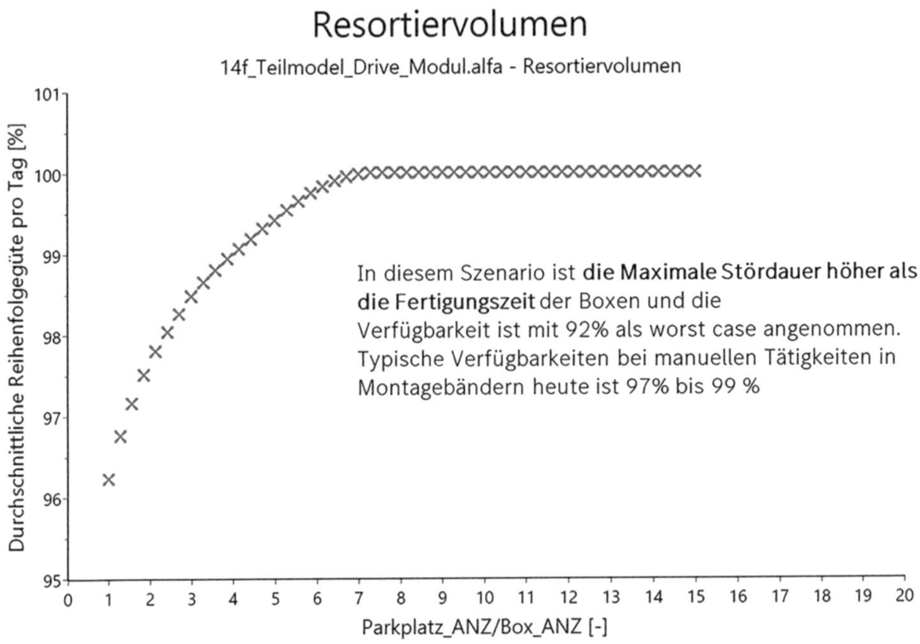

Abb. 10.12 Resortierbedarf bei Maximaler Störzeit größer als die Fertigungszeit in der Box

Auch bei einem Parkplatz, der genauso groß ist wie die Anzahl der parallelen Fertigungsboxen, sind die beiden Fertigungseinheiten sehr nahe an der vollständigen Entkopplung. Die Dimension der Verkettungseffekte ist eine Größenordnung geringer als die in der real ausgeführten Fließfertigung bei optimal ausgelegten Parametern Bandvorlauf und Entkopplung.

Somit können wir aus den Überlegungen eine Auslegungsregel für die Hintereinanderschaltung von manuellen Boxenfertigungen (siehe Abb. 10.11) für die Fluide Produktion aufstellen:

1. Die maximalen Stillstandszeiten in den Boxen sind über redundante Werkzeuge und Handhabungsgeräte sowie den Einsatz von Springern zu begrenzen
2. Die Fertigungszeit pro Box muss größer sein als die maximalen Stillstandszeiten aus 1.
3. Der Parkplatz mit wahlfreiem Zugriff sollte so groß sein wie die Parallelität der Fertigungsboxen.
4. Über die Steuerung wird der Füllstand dieses Parkplatzes auf der Hälfte gehalten, um ein Resortieren zu ermöglichen.

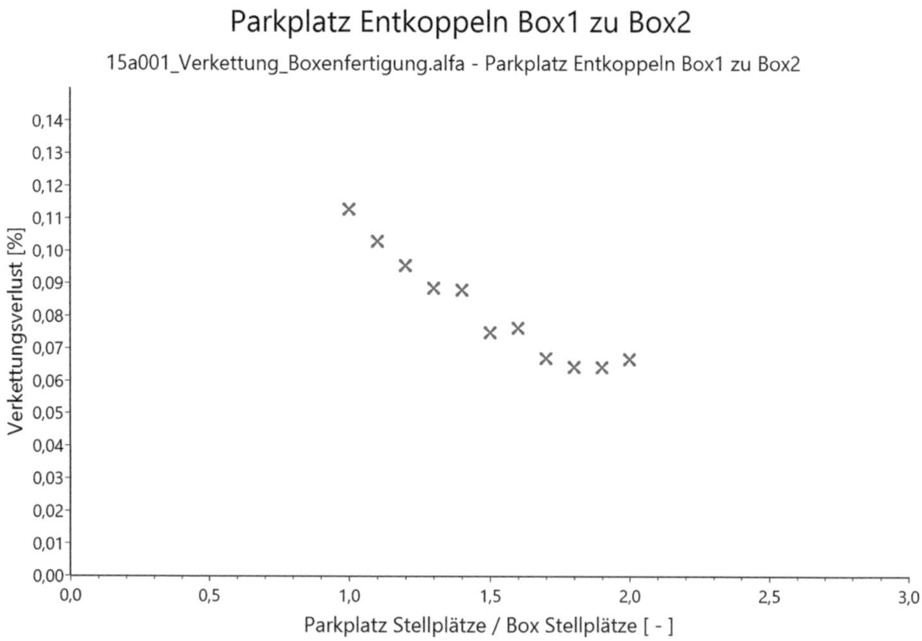

Abb. 10.13 Wenn die Stillstandzeiten kleiner als die Fertigungszeit in einer Box ist, so ist die Verkettung von Boxen fast verlustfrei

Bei einer maximalen Stillstandszeit der Box, welche kleiner ist als das arithmetische Mittel der Fertigungszeit, reicht der Parkplatz aus, um 100 % Reihenfolgegüte zu sortieren.

10.5 Ausblick

Eine detaillierte Betrachtung der Systemelemente Automatisierung und Software-Update ist durchzuführen. Hierbei sind Auslegungsregeln zu erarbeiten. Verkettungseffekte der Systemelemente können mithilfe der Materialflusssimulation untersucht werden. Bei der Umsetzung der manuelle Boxenfertigung in paralleler Anordnung ist durch arbeitswissenschaftliche Untersuchungen sicherzustellen, dass die Effizienzverluste dieser Arbeitsorganisation nicht die Potentiale nach Abb. 10.9 übersteigen.

Mit diesen Forschungsergebnissen kann die Fluide Produktion vollständig ausgelegt und bewertet werden. Als übernächsten Schritt könnte der Transfer auf andere industrielle Fertigungen und die Bedeutung für New Work angesehen werden.

Literatur

1. Fries, C., Al Assadi, A., Fechter, M., Grimm, S., Bauernhasl, T., Bozkurt, A., & Schulz, R. (2019). Fluide Fahrzeugproduktion.
2. Bauernhansl, T., Fechter, M., & Dietz, T. (2020). Entwicklung, Aufbau und Demonstration einer wandlungsfähigen (Fahrzeug-) Forschungsproduktion. Springer Vieweg.
3. Daferner, M., Mesenhöller, E., & Schmidt, T. (2021). Strukturierung eines Montagesystems bei Fertigungszeitspreizung. Berlin: DE GRUYTER.
4. Mutschler, R. (April 2023). Dr. (M. Medic, Interviewer)
5. Thomas Günnel (19.07.2022) Fahrerlos in der Produktion: Wie BMW den neuen 7er steuert (vogel.de) https://www.automobil-industrie.vogel.de/fahrerlos-in-der-produktion-wie-bmw-den-neuen-7er-steuert-a-06a04950a7713151d99dac8a5aba58c8/#:~:text=Die%20Pilotphase%20startet%20im%20Juli,als%20Technologietr%C3%A4ger%20das%20Projekt%20um.&text=Die%20Autos%20fahren%20autonom%20im,fahren%20selbst%20zu%20einem%20Parkplatz.
6. Bosch Firmenwebsite (2023). Offene Technologieplattform für das Software-definierte Fahrzeug bosch-mobility.com/de/loesungen/software-und-services/offene-technologieplattform-fuer-software-definierte-fahrzeuge.
7. Demographischer Wandel (2023) Statistisches Bundesamt www.destatis.de/DE/Themen/Querschnitt/Demografischer-Wandel/_inhalt.html.
8. Europäische Kommission (2023) Auswirkungen des demografischen Wandels in Europa https://commission.europa.eu/strategy-and-policy/priorities-2019-2024/new-push-european-democracy/impact-demographic-change-europe_de
9. Magdalena Medic (2023) Bachelor Arbeit FH Pforzheim „Entwicklung eines dynamischen Produktionskonzepts für eine modulare Fahrzeugplattform am Beispiel vom Projekt FlexCar in der ARENA2036".

Fazit und Ausblick

11

Michael Lahres und Ansgar Gerlicher

Das Buch „FlexCAR: die Forschungsplattform für autonomes Fahren" präsentiert die Ergebnisse des fünfjährigen vom Bundesministerium für Bildung und Forschung (BMBF) geförderten Forschungsprojektes, welches sich mit flexiblen Produkt- / Produktionskonzepten und fluiden Montagekonzepten für modular aufgebaute autonome Fahrzeugplattformen beschäftigt. Unter der Herausgeberschaft von Professor Dr. Ansgar Gerlicher und Dr. Michael Lahres haben Experten aus verschiedenen Fachgebieten zu diesem richtungsweisenden Werk beigetragen.

11.1 Rückblick auf das Erreichte

Die Zusammenfassungen der einzelnen Themenbereiche verdeutlichen die Fortschritte und Innovationen, die im Rahmen des FlexCAR-Projekts erzielt wurden. Von der Entwicklung effizienter Antriebssysteme über neue Aspekte einer Fluiden Produktion/ Montage bis hin zur Implementierung neuer Technologien zur Verbesserung der Fahrsicherheit und des Komforts – die Ergebnisse dieses Projekts sind mitunter wegweisend für

M. Lahres
RD/RTC, Mercedes-Benz AG, Sindelfingen, Deutschland
E-Mail: michael.lahres@mercedes-benz.com

A. Gerlicher (✉)
Institut für Mobilität und Digitale Innovation, Hochschule der Medien, Stuttgart, Deutschland
E-Mail: gerlicher@hdm-stuttgart.de

A. Gerlicher und M. Lahres (Hrsg.), *FlexCAR,* ARENA2036,
https://doi.org/10.1007/978-3-662-69750-4_11

die Zukunft der Mobilität – insbesondere für das autonomes Fahren innerhalb geschlossener Gebäude (z. B. in Garagen, Hallen, etc.) mit zukunftsweisenden Sensortechnologien, neue fluide Produktions-/Montagekonzepte, sowie die cyberphysische Betrachtung von Interieurkomponenten im Fahrzeug und deren Integration in nutzerzentrierte Usecases.

11.2 Herausforderungen und Chancen

Trotz der erzielten Fortschritte stehen wir am Standort Deutschland weiterhin vor großen Herausforderungen. Die Entwicklung autonomer Fahrfunktionen erfordert nicht nur technische Innovationen, sondern auch neue Geschäftsmodelle und regulatorische Rahmenbedingungen. Die Gewährleistung einer sicheren und zuverlässigen autonomen Mobilität erfordert die Zusammenarbeit von Industrie, Politik und Gesellschaft gleichermaßen.

11.3 Ausblick und Perspektiven

Der Ausblick auf die Zukunft der Mobilität ist geprägt von Optimismus und Unsicherheit zugleich. Während autonomes Fahren das Potenzial hat, die Art und Weise, wie wir uns fortbewegen, grundlegend zu verändern, stehen wir auch vor großen sozialen und ökologischen Herausforderungen am Standort Deutschland. Es ist entscheidend, dass wir diese Herausforderungen gemeinsam angehen und innovative Lösungen entwickeln, die eine sichere, effiziente und umweltverträgliche Mobilität ermöglichen.

Danksagung und Ausblick Abschließend möchten wir allen Beteiligten, sowohl den Autoren der einzelnen Beiträge als auch den Projektpartnern und Fördermittelgeber beim Bundesministerium für Bildung und Forschung (BMBF) sowie dem Projektträger Karlsruhe (PTKA) mit Fördermittelnummer 02P18Q640ff. (Forschungscampus Arena 2036: FlexCAR) unseren herzlichen Dank aussprechen. Ihr Engagement und ihre Expertise haben dazu beigetragen, das FlexCAR-Projekt zu einem Erfolg zu machen. Gemeinsam schauen wir optimistisch in die Zukunft und sind bereit, die Herausforderungen der Mobilität von morgen aktiv weiter anzugehen. Wir freuen uns, dass es mit dem vom Bundesministerium für Bildung und Forschung geförderten Projekt CARpulse eine Fortsetzung der Zusammenarbeit auf Basis des erzielten Wissens gibt. Die Ergebnisse dieses Projektes FlexCAR werden im Folgeprojekt als Fundament genutzt werden, um die Forschung auf dem Gebiet der kapselbasierten autonomen Mobilität der Zukunft weiter voranzutreiben. Diese Forschung wird auf mehreren Ebenen in der ARENA2036 und in enger Vernetzung mit den weiteren Verbundprojekten und vielen weiteren Partnern zu spannenden neuen Erkenntnissen führen, welche die Forschung in diesem Bereich weiter voranbringen werden.

Das FlexCAR-Projekt ist nicht nur ein grundlegender Meilenstein in der Automobilforschung, sondern auch ein Beispiel für eine erfolgreiche interdisziplinäre Zusammenarbeit und Innovationskraft. Es war für uns eine Ehre und Freude zugleich mit so vielen Experten und Forschern zusammenarbeiten zu dürfen.

MIX
Papier aus verantwortungsvollen Quellen
Paper from responsible sources
FSC® C105338

If you have any concerns about our products,
you can contact us on
ProductSafety@springernature.com

In case Publisher is established outside the EU,
the EU authorized representative is:
Springer Nature Customer Service Center GmbH
Europaplatz 3, 69115 Heidelberg, Germany

Printed by Libri Plureos GmbH
in Hamburg, Germany